我们的家园
环|保|科|普|丛|书

喧闹的地球

韩 雪 ◎ 主编

XUANNAODEDIQIU

黑龙江少年儿童出版社

人类共同生活在一个美丽的家园——地球。我们曾经赞叹地球上美丽的海洋、茂密的森林和珍奇的动物，然而，不知从什么时候起，我们的家园逐渐变了模样。一棵棵参天大树被伐光，一条条清澈见底的小河变得臭气熏天，一座座繁华的城市被雾霾笼罩，一片片沙丘吞噬了万亩良田。自然资源因人类的自私和强烈的占有欲而被疯狂地掠夺，动物因人类的爱财如命而被残酷地猎杀。随之而来的则是干旱、暴雨、泥石流、沙尘暴等自然灾害的频繁发生，不堪重负的地球不断向人类发出警告。

"没有自然，便没有人类。"这是世界上最朴素的真理。人类只有对地球保持敬畏之心，才会寻找到一条与地球和谐相处的发展之路。

《我们的家园·环保科普丛书》共6册，分别从温室效应、水资源缺乏、噪声污染、环境污染、物种危机、低碳生活出发，讲述人类面临的种种环境问题，让读者认识到环保的重要性，了解环境问题与每个人的生活息息相关。通过阅读本套丛书可以培养孩子们的生态危机意识，将来才能承担起建设社会主义生态文明的神圣职责。假如无数的"绿色天使在行动"，那么地球环境一定会变得更美好。赶快行动起来吧！保护地球环境，保护我们的家园。

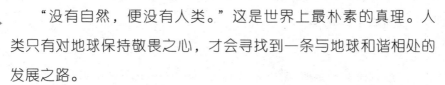

目录

目录

关于声音

　　清晨，窗外传来清脆的鸟鸣声，不一会儿床前的闹钟发出了"铃铃铃"的声音，妈妈走过来温柔地在耳边说："起床！"收音机会准确地报时："七点整。"每天我们都伴随着这些声音醒来，开始一天的生活。

　　声音在人们的生活中具有很重要的意义，人们是靠声音传递信息来进行交流的。声音是由物体的振动产生的，最初发出振动的物体叫声源。声音以波的形式传播。声波通常指人耳能听到的机械波。外界的声波经过外耳道传到鼓膜，鼓膜振动通过听小骨传到内耳，刺激了耳蜗内的感觉细胞，这些细胞将声音信息通过听觉神经传给大脑，人就听到了声音。

　　声音的本质是能引起人类听觉的机械波，它不是物质的传播，而是振动状态和能量的传播。受作用的空气发生振动，当振动频率在20~20000赫兹时，作用于人耳的鼓膜而产生的感觉称为声音。

　　声源可以是固体，也可以是流体（液体和气体）的振动。声音的传播需要物质，物理学中把这样的物质叫作介质，这个介质可以是空气、水、固体等。当然，在真空中声音不能传播。声源是传播声音的必要条件。如果没有物体的振动，只有传声介质，也不会有声音。

声音在不同的介质中传播的速度也是不同的。声音的传播速度跟介质的反抗平衡力有关。反抗平衡力就是当物质的某个分子偏离其平衡位置时，其周围的分子就要把它挤回到平衡位置上，而反抗平衡力越大，声音就传播得越快。水的反抗平衡力要比空气的反抗平衡力大，而铁的反抗平衡力又比水的反抗平衡力大。

声音是一种压力波。当演奏乐器、拍打一扇门或者敲击桌面时，它们的振动会引起介质——空气分子有节奏地振动，使周围的空气产生疏密变化，形成疏密相间的纵波，这就产生了声波，这种现象会一直延续到振动消失为止。

声音作为波的一种，频率和振幅就成了描述波的重要属性，频率的大小与我们通常所说的音高对应，而振幅影响声音的大小。物体在一秒钟之内振动的次数叫作频率，单位是赫兹，符号"Hz"。一般来说，声音总是包含一定的频率范围。人的耳朵可以听到频率范围在20~20000赫兹之间的声音，高于这个范围的称为超声波，而低于这一范围的称为次声波。人耳对于1000~3000赫兹之间的声音最敏感，所以说不是所有物体的振动所发出的声音我们都能听到。而某些动物的听觉要比人类灵敏得多，对于它们来说能听到的声音范围就和我们人类不一样。还有一些动物可以发出和接收超声波，例如海豚和蝙蝠等。

人类是通过声音进行交谈、表达思想感情以及开展各种活动的，但有些声音也会给人类带来危害。例如，震耳欲聋的机器

声，呼啸而过的飞机声等。这些不为人们生活和工作所需要的声音统称为噪声，从物理现象判断，一切无规律的或随机的声信号都归为噪声。

环保小贴士

蝙蝠分辨声音的本领很高，耳内具有超声波定位结构。蝙蝠是唯一能够真正飞行的哺乳动物，非常适合在黑暗中生活，它的眼睛几乎不起作用，而是通过发射超声波并根据其反射的回音辨别物体。蝙蝠飞行的时候由口和鼻发出一种人类听不到的超声波，遇到昆虫后会反弹回来。蝙蝠用耳朵接收后，就会知道猎物的具体位置，从而前往捕捉。它能听到的声音频率可达300千赫/秒，而人类能听到的声音频率一般在14千赫/秒以下。

什么是噪声污染

　　人类处在声音的包围之中，声音对人类社会实践是非常有用的。声音可以帮助人们熟悉周围的环境，向人们提供各种信息，让人们互相交流思想和感情；医生借助声音可以进行病情诊断；工人通过声音可以判断机器运转是否正常。

　　但有一些声音会使人感到烦躁不安，影响人们的正常生活和健康，这种声音就是噪声。从生理学的观点来看，凡是干扰人们休息、学习和工作的声音，即不需要的声音，统称为噪声。从物理学的观点来看，噪声是由许多不同频率和强度的声波，无规则地组合而成。当噪声对人及周围环境造成不良影响时，就形成噪声污染。自工业革命以来，各种机械设备的发明和使用，给人类社会带来了繁荣和进步，但同时也产生了越来越多而且越来越强的噪声。

　　噪声作为一种感觉污染，可以归纳为四类：一、过响声：如飞机起飞时发出的轰鸣声，狭窄弄堂中的鞭炮声；二、妨碍声：

此种声音虽然不太响，但对人的日常生活会产生一定的影响；三、不愉快声：如汽车的刹车声，刮锅声等；四、无影响声：日常生活中，人们认为正常的声音，如风声、雨声等。

声音的强弱可以用噪声等级来表示。在噪声的测量和量度中，A声级被用作噪声评价的主要指标。A声级是怎样得来的呢？人耳对声音强弱的感觉不仅同声压有关，而且还同频率有关。例如，人耳对于声压级为67分贝、频率为100赫兹的声音，同声压级为60分贝、频率为1000赫兹的声音，主观感觉一样响。因此，在噪声的主观评价中，有必要确定声音的客观量度同人的主观感觉之间的关系。

为了使不同声压级、不同频率的声音，在人耳中感觉到的响的程度能数量化，专家测试了18~25岁听力正常者在一定的条件下，对不同频率、不同声压级声音的主观感觉，得到一组等响曲线。从等响曲线看出，人耳对低频声不敏感，对高频声敏感。

20世纪30年代，人们为了用仪器直接测出反映人对噪声响度的感觉，在声级计上设置了一套模拟人耳听觉的计权网络，对不同频率的声音进行一定的衰减和放大，一般设有A、B、C三套计权网络。用声级计的A、B、C计权网络分别测出的声级就是A声级、B声级和C声级。通过近40年的实际使用，人们发现A声级在大多数情况下能较好地反映人对噪声的主观感觉，因而A声级被用作噪声评价的主要指标。

A声级已被国际标准化组织和绝大多数国家（包括我国）用

作噪声主观评价的主要指标，A声级的单位为分贝（dB），分贝越高，声音越响。以我们身边的噪声为例：人们正常对话的声音为60分贝；高速公路上的车流产生的噪声接近100分贝；电机开动时约为110分贝；喷气式飞机起飞时可达到140分贝；火箭、导弹发射时的噪声，可达160分贝甚至190分贝。

噪声污染与水污染、大气污染、固体废弃物污染被看成是世界范围内的四个主要环境问题。世界卫生组织和欧盟合作研究中心公开了一份关于噪声对健康影响的全面报告——《噪声污染导致的疾病负担》。这是近年来对噪声污染研究最为全面的一份报告，尽管其研究对象是欧洲尤其是西欧发达国家，但它却是第一次指出噪声污染不仅会让人感觉烦躁、睡眠变差，更会引发心脏病、学习障碍和耳鸣等疾病，进而减少人的寿命。

噪声污染已成为继空气污染、水污染之后危害人类公共健康的又一个杀手。

环保小贴士

噪声污染给人体带来的健康风险可以用一个三角形金字塔来表示。金字塔最底层，是受到噪声污染影响人数最多的一层，此时噪声的影响是使人产生"不舒服感"；往上一层会使人产生"压力"；再往上一层就出现了"风险因素"，可引发疾病；再上一层就是"疾病"，而金字塔的最顶层就是可怕的"死亡"。

如何控制噪声

噪声的传播一般分为三个阶段：噪声源、传播途径、接受者。传播途径包括反射、衍射等形式的声波行进过程。控制噪声的原理，就是在噪声到达鼓膜（耳膜）之前，采取阻尼、隔振、吸声、隔音、消声器、个人防护和建筑布局等措施，尽量减弱或降低声源的振动，或将传播的声能吸收掉或设置障碍，使声音全部或部分反射出去，减弱噪声对鼓膜的作用，这样即可达到控制噪声的目的。

根据噪声传播的三个阶段，可分别采用三种不同的途径控制噪声。

从声源上降低噪声。这是最根本的方面，包括研制和采用噪声低的设备和加工工艺等措施。风机、喷气式飞机和汽车的排气等空气动力性噪声，可采用平滑的气流通道和降低气流的速度加以控制。车床、织布机和铆锻机的机械性噪声，可利用润滑或阻尼物料减少摩擦或撞击进行控制。电动机和变压器等电磁性噪声多采用消

声器降低噪声。其他方面如用无声的液压设备代替高噪声的锤打，用焊接代替铆接，改进风扇叶片的设计和提高齿轮等传动部件的加工精度，调节运转部件的平衡以减少因偏心带来的振动等等，都可以从声源上降低噪声。

在传输途径上控制噪声。这是采取声学处理的方法，如吸声、隔声、隔振和阻尼等降低噪声。由于噪声是通过空气或设备、建筑物本身传播的，采用这种办法可有效地对噪声加以控制。利用玻璃棉、毛毡、泡沫塑料和吸声砖等吸声材料，以及共振吸声和微穿孔板吸声结构，能减少室内噪声的反射，可使噪声降低10~15分贝。隔声间和隔声机罩所用的隔声材料要求重量大，一般多用砖、钢筋混凝土、钢板和厚木板等，此外还要结构密封，没有孔洞。密封罩一般可使噪声降低10~35分贝，双层结构比单层结构在重量上可减少70%左右，较为经济，但要注意防止中间空气层发生共振。填充松软的吸声材料，既可以吸声又可以减弱隔层振动的传播。用金属板作隔声机罩时，内壁要进行吸声处理，外壁还应涂上阻尼材料。常用的隔振材料有剪切橡皮、金属弹簧、软木、矿渣棉、玻璃纤维和气垫等，目前在国内前两种材料的应用较为广泛，后一种是未来的发展方向。一般隔振垫对低频噪声能降低10分贝左右。阻尼材料是内摩擦损耗大的一些材料，诸如沥青、软橡胶和其他高分子涂料等，它们能消耗金属板的振动能量并变成热能散失掉，从而抑制金属板的弯曲振动，使其不发出噪声。

在接受点阻止噪声。在上述两种噪声控制方法失效时，应采取耳塞、耳罩、防声蜡棉和防护面具等个人防护措施来降低噪声。这些防护用具都要求严密不透气，以便于隔声，但有时这类防护用具被设计成能透过一部分低频声或低强度声，使其既能阻止噪声，又不妨碍使用者用声音进行交流。

然而，控制噪声最有效而又经济的办法，首先是宣传教育，把噪声的来源、危害和控制措施向人们讲解清楚，广泛发动群众来控制噪声。其次是行政管理，最重要的是贯彻执行好国家制定的控制噪声标准和规范及相关的规章法令。区域规划则要合理布局，使居民区远离噪声源，对交通噪声、建筑施工噪声、生活噪声、工厂噪声等应加强管理并采取适当措施，会取得更好的效果。

噪声的心理效应也就是噪声对人们行为的影响，通常是指烦躁与工作效率问题。吵闹的噪声常常使人感到烦躁、精神不易集中，影响工作效率，妨碍休息。通常当噪声低于50分贝时，人们认为环境是很安静的；当噪声高到80分贝左右，人们就感觉比较吵闹了；当噪声达到120分贝时，简直是令人难以忍受了。噪声对人们行为的影响和所处环境、噪声性质和心理状态等都有关系。

慢性毒药——噪声

噪声污染已经成为人类社会环境的一大公害。噪声具有局部性、暂时性和多发性的特点。噪声不仅会影响人的听力，而且还会对人的心血管系统、神经系统、内分泌系统产生不利影响，有人称噪声为"致人死命的慢性毒药"。

噪声对人体的危害主要有以下几个方面：

噪声会干扰人的休息和睡眠。休息和睡眠是人们消除疲劳、恢复体力和维持健康的必要条件。但噪声使人不得安宁，难以休息和入睡。当人辗转不能入睡时，便会心情紧张、呼吸急促、脉搏跳动加剧、大脑兴奋，第二天就会感到疲倦或四肢无力，从而影响工作和学习。久而久之，就会得神经衰弱症，表现为失眠、耳鸣、疲劳等。进入睡眠状态之后，即使是40~50分贝较轻的噪声干扰，也会使人从深度睡眠期变成浅度睡眠期。人在深度睡眠期时，大脑活动是缓慢而有规律的，人能够得到充分的休息；而浅度睡眠期时，大脑仍处于紧张、活跃的阶段，这就会使人得不

到充分的休息。

　　噪声使人们的工作效率降低。研究发现，噪声超过85分贝时，会使人感到心烦意乱，因而无法专心工作，导致工作效率降低。

　　噪声会损伤听觉器官。我们都有这样的经验，从飞机上下来或从锻压车间里出来，耳朵里总是嗡嗡作响，甚至听不清别人说话的声音，过一会儿才能恢复，这种现象叫作听觉疲劳，是人体听觉器官对外界环境的一种保护性反应。如果人长时间处在噪

声强烈的环境里，听力就会减弱，进而导致听觉器官的器质性损伤，造成听力下降。

过强的噪声会引起耳部的不适，如耳鸣、耳痛、听力损伤等。据测定，超过115分贝的噪声还会造成耳聋。据临床医学统计，长期在85分贝以上的噪声环境中生活，造成耳聋的发病率可达5%。医学专家研究认为，家庭噪声是造成儿童聋哑的病因之一，而且噪声对儿童的身心健康危害更大。因为儿童的身体发育尚未成熟，各组织器官十分娇嫩和脆弱，不论是体内的胎儿还是刚出生的孩子，噪声均可对他们的听觉器官造成损伤，使听力减退或丧失。据统计，当今世界上有7000多万耳聋者，其中相当一部分是由噪声所致。

噪声对人的视力也有损害。人们只知道噪声对听力有影响，其实噪声还会对人的视力产生影响。实验表明，当噪声达到90分贝时，人的视觉细胞敏感性下降，识别弱光的反应时间延长；噪声达到95分贝时，有40%的人瞳孔放大，视觉模糊；而噪声达到115分贝时，多数人的眼球对光亮度的适应都有不同程度的减弱。因此，长时间处于噪声环境中的人很容易发生眼疲劳、眼痛、眼花和视物流泪等眼损伤现象。同时，噪声还会使人的色觉、视野发生异常。

噪声会损害人的心血管。噪声是引发心血管疾病的危险因素，噪声会加速心脏衰老，增加心肌梗死的发病率。医学专家经人体和动物的实验证明，长期接触噪声可使体内肾上腺素分

泌增加，从而使血压上升，在平均70分贝的噪声中长期生活的人，可使其心肌梗死发病率增加30%左右，特别是夜间噪声会使发病率更高。调查发现，生活在高速公路旁的居民，心肌梗死发病率增加了30%左右；在上千名的纺织女工中，高血压发病率为7.2%，其中长期接触噪声达100分贝的，高血压发病率为15.2%。

环保小贴士

连续噪声可以加快深睡到浅睡的回转，使人多梦，并使深睡的时间缩短；突然的噪声可以使人惊醒。一般来说，40分贝的连续噪声可使10%的人受到影响，70分贝的连续噪声可使50%的人受到影响，而突发的噪声在40分贝时，可使10%的人惊醒，到60分贝时，可使70%的人惊醒。长期干扰睡眠会造成失眠、疲劳无力、记忆力衰退，以致产生神经衰弱症候群等，在高噪声环境里，这种病的发病率可达50%～60%。

城市噪声从哪里来

随着城市建设进程的加速，城市噪声污染已经成为城市环境的一大公害。在国外，早就出现了"噪声病"一词。可见，城市噪声对于居民的干扰和危害十分严重。

生活在城市中的人们，无可避免地要遭受各种噪声的"轰炸"，也只能迫不得已地去"习惯"这样的生活。据抽样调查显示，居民面对噪声污染大多是"忍气吞声"。有44.7%的人认为噪声污染"只能忍受"，有15%的人甚至表示"忍受不了，有条件就搬离原地方"，选择采取应对措施的人只有不到两成。

虽然人们的学习、工作和生活环境中不可避免地存在着噪声，但有些时候噪声分贝很小或持续时间短，对人们的生活和生产活动影响很小，就算不上噪声污染。噪声污染是指噪声强度超过人们的生活和生产活动所容许的环境状况，对人们的健康或生活产生危害。通常所说的噪声污染是指人为活动而不是自然现象所引发的噪声。

对城市噪声的系统研究始于1930年美国的纽约。20世纪50年代以来，由于工业生产、交通运输的大规模发展，日本、美国和西欧一些国家不仅对城市噪声进行了调查，而且制定了城市环境的噪声标准和管制措施。

近年来，人们对于城市噪声的评价方法和预测作了较为深入的研究。目前的大中城市中，主要有以下几种噪声源：

交通运输噪声。城市噪声中影响范围较大、噪声级较高的是交通运输噪声。交通运输噪声是由各种交通运输工具在行驶中产

生的，如地面上行驶的汽车、水上航行的船只、空中飞行的飞机等。机动噪声产生的原因除了汽车构造上的问题外，道路宽度、道路坡度、道路质量、行驶速度、交通量都是产生噪声的因素，其中行驶速度尤其重要。一般情况下，行驶速度提高1倍，噪声会增加6~10分贝。此外，超载、加速或制动都会增加噪声。

工业噪声。工业噪声主要来自于工厂高速运转的发动机、发电机、风机等机器设备。工业噪声的声源位置固定，声强也相对稳定，但工业噪声响度大，而且持续时间长，有的则是长年运转、昼夜不停，不仅直接对从事生产的工人造成危害，还会影响附近的居民。工业噪声是造成职业性耳聋的主要原因。

建筑施工噪声。近年来，我国城市建设迅猛发展，特别是大量旧街区的改造和新建，道路的拓宽、给排水管道的铺设等工程也日益增多，除了搞得道路泥泞、沙尘四扬外，更严重的是施工中各种机械操作带来的严重噪声等环境公害。大多数施工机械都是露天作业，四周无遮拦，某些施工现场紧邻现有的居住建筑群，对附近的居民生活造成很大干扰。

社会生活噪声。社会生活噪声通常指日常活动和社会活动所造成的噪声，如播放广告的高音喇叭、家庭中的视频、音频播放器及音箱、大音量的广场舞音乐、燃放的烟花爆竹等产生的噪声。社会生活噪声是人为造成的，大多数没有生理危害，但会使人心烦，感觉不舒适，会干扰人的休息和社会活动。

水和大气等化学污染的污染过程较为缓慢而隐蔽，传播的途

径也比较多，而城市噪声污染具有传播迅速直观的特点，人们可以及时迅速地感觉到。严重的噪声会直接对人的生理和心理产生影响，加上噪声声源的广泛性，城市生活中的各种声音既给人们带来了存在感又给人们造成了困扰。城市噪声污染的上述特性还带来了控制上的困难，城市中很多无形的噪声很难在短时间内得到有效的控制，人类现有的科技手段和管理措施还没有达到完全消除噪声污染的水平，还需继续努力。

据测定，我国北京、上海、天津、重庆、南京、杭州、武汉、广州、哈尔滨等大城市的市区噪声级都达到80分贝以上，有些地区夜间噪声级仍高达70分贝。一般电子工业和轻工业产生的噪声在90分贝以下，纺织厂车间里的噪声约为90～110分贝，机械工业产生的噪声约为80～120分贝。生活噪声一般小于80分贝，但有些活动在室内造成的噪声可达100分贝以上。

生活噪声惹人烦

生活在城市里的人，都希望能有一个宁静的生活环境，可社会生活噪声却如影相随、无处不在，许多人的生活为此受到影响。生活噪声是指除了工业噪声、交通噪声、建筑施工噪声之外的噪声，如娱乐场所的噪声、早市的喧闹声、店铺的高音喇叭叫卖声、邻居传来的吵闹声、电视音响声等等统称为生活噪声。

人们稍稍留意便会发现，现代生活中噪声无处不在：卧室临街，道路上车来车往的噪声吵得人难以入睡；隔壁邻居家的吵闹声听得清清楚楚；卫生间里的下水管道总是发出"哗哗"的冲水声；楼道电梯运行时的声音让失眠的人抓狂；周末的早上，广场舞的音响声让想睡懒觉的年轻人不胜其烦……

既然许多人都被噪声困扰着，为何噪声还是屡禁不止呢？这五花八门的噪声污染产生的原因是什么呢？社会生活噪声污染形成的原因是多方面的，但主要有以下几点：

噪声污染防治意识薄弱，环保意识不强。在对噪声污染事件

的处理过程中，相关人员发现部分市民（主要是产生噪声的行为人）对噪声所产生的危害大多一知半解，很少有人能意识到长期处于噪声环境下会给人的健康带来不利影响，而且对于防治噪声污染的知识了解得更是少之又少。

城市功能区的布置没有得到统一有效的规划和布局。随着经济发展速度的加快、城市化进程步伐的加速和建成区面积的不断扩大，必须使城市功能区得到有效的规划和布局。但是，由于历史的原因，城市功能区的规划和布局跟不上经济文化的发展步伐，导致矛盾的出现。从目前来看，城区的大部分建成区存在着居住、商业混合的问题。而且一部分楼房一楼为商业用房，其余

楼层为居住用房，也就是说，底层通常为酒店、音响店、小五金加工店、车库等等。这样的楼层模式难免会造成底层的噪声影响居民的正常休息和生活，在客观上造成了防治社会生活噪声污染的难度。

对噪声源的控制力度不够，噪声污染的防治技术尚未得到有效应用。近年来，随着城区面积的增加，城区内各类酒店、酒吧等休闲娱乐场所的数量剧增。由于对噪声源的控制力度不够，在一定程度上没能严把各类娱乐场所的审批关，在客观上增加了噪声源，同时也增加了噪声污染问题的数量。在各类娱乐场所中，有的是取得营业资格的，但也有没经过审批就擅自开业的，另外，也有取得营业资格但仍存在噪声污染的。由于大部分市民对社会生活噪声污染的认识不足，噪声源的防治技术没有得到有效的应用。

行政管理措施对噪声污染缺乏有效监管，对社会生活噪声处罚力度不够。长期以来，行政管理措施还不能对社会生活噪声进行有效监管，对噪声污染的处罚力度较轻。目前，行政管理措施对噪声污染的处理也只是停留在劝阻的阶段，并未进行严厉的处罚，没有达到应有的效果。对于那些只注重自身利益的人来说，这样的处理等同于隔靴搔痒，起不到任何作用。更有甚者，与执法人员打"游击战"，执法人员上门劝告时将噪声降低，执法人员一离开又恢复原样，这也是造成人们对社会生活噪声污染重复投诉的主要原因。

因此，我们每一个人都应该从自身做起，无论是在公共场所还是在自己家中都要注意自己的言行，不要让自己成为社会生活噪声污染的制造者。

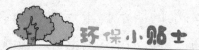

有人曾对在噪声达95分贝的环境中工作的231人进行过调查，头晕的39人，失眠的32人，头痛的27人，胃痛的27人，心慌的27人，记忆力衰退的27人，心烦的22人，食欲不佳的18人，高血压的12人。可见，我们不能对强噪声等闲视之，应采取措施加以防范。

噪声对胎儿的影响

怀孕五个月左右，胎儿的听力逐渐形成，能听到妈妈亲切的问候了，各种噪声也随之会传到胎宝宝的"耳朵"里。

如今的准妈妈们大多数是上班族，怀孕之后仍然要坚持上班。可是，许多噪声问题困扰着她们。比如，一位怀孕7个月从事文职工作的准妈妈，最近就感觉自己越来越焦虑，有一个问题她一直闷在心里，让她很担忧。原来，在日常工作中她经常要打印文件或是在复印机旁复印文件，长则半小时，短则三五分钟。她担心这些机器发出的噪声会损害宝宝的听力。怀孕5个多月的另一位准妈妈也有烦心事，因为她家靠近马路，怀孕两个月左右就赶上马路改造升级，每天钻机挖路以及各种施工的声音不绝于耳，虽然每次去产检一切都正常，但是那些噪声让大人都烦得受不了，更何况是肚子里脆弱的小生命呢。她担心工地的噪声会对宝宝的发育不利。

那么，噪声对胎儿的听力有影响吗？会产生什么影响呢？

怀孕16~19周，胎儿的听力开始形成，此时宝宝能听到妈妈心脏跳动、血液流动、胃肠蠕动的声音，也能听到妈妈温柔的说话声和歌声了。这些声音都在30分贝左右，就像耳边的窃窃私语，对胎儿的听力不会产生不良影响。怀孕至25周左右，胎儿的听力几乎与成人相等；至28周时，胎儿对音响刺激已经有了充分的反应能力。

胎儿接受的噪声是通过母亲的腹壁传播的，腹壁有反射作用，会将外面的声音降低大约20分贝，外面的大吼大叫声传到胎儿那里时，如同在说悄悄话。

如果准妈妈长期处于强噪声的环境中，腹壁的保护就很有限了。尤其是对于低频的声音，几乎没有减弱功能，这时，就相当于胎儿的听觉系统直接同强噪声接触。一些科学家研究指出，构成胎儿内耳一部分的耳蜗从妈妈妊娠第20周起开始生长发育，其成熟过程在宝宝出生后30多天时仍在继续进行。胎儿的内耳耳蜗处于生长阶段时，极易遭受低频率噪声的损害，而外部环境中的低频率声音可传入子宫，并影响胎儿。

胎儿虽然喜欢听人说话的声音，但却反感噪声的干扰。强烈的噪声对胎儿最直接的危害就是对其听觉发育产生不良影响。此外，长期受噪声影响会使准妈妈内分泌紊乱，引起子宫强烈收缩，可能会导致流产、早产。而胎儿内耳如果长期受到高强度噪声的刺激，会使脑的部分区域受损，严重时可能会影响大脑的发育，导致儿童期出现智力低下。还有研究表明，长期处在噪声的环境下，将来宝宝的性格可能会比较急躁。

噪声形成的危害相对而言是潜在而缓慢的，容易被忽视，一旦造成严重后果则很难挽回。不过，准妈妈们也不必太过担心，只要提高警惕，防患于未然，保护好胎儿的听力并不难。

保证母体有全面和充足的营养。准妈妈孕期营养不良，可能会使胎儿的脑细胞发育受影响，听觉反应不灵敏。如果患了维生素B缺乏症，还可能引起进展缓慢的神经性耳聋。

尽量减少接触噪声，在怀孕期间应该远离超过85~90分贝的噪声。

要有意识地避开歌厅、建筑工地等噪声强度大的场所。

使用的胎教音乐也要符合频率、音强等方面的要求，从而保证胎儿的健康发育。

为了胎儿的健康成长，准妈妈需要一个安静、舒适的环境，以保证母婴的身心健康。

在加拿大进行的一次流行病学研究证明，那些曾经接受过85分贝以上强噪声的胎儿，在出生前就已经丧失了听觉的敏锐度。加拿大蒙特利尔大学的研究组对131名4至10岁儿童（他们的母亲怀孕时曾在声音极为嘈杂的工厂里工作）进行了检查，结果表明，那些出生前在母体内接受最大噪声的儿童对400赫兹声音的感觉是没有接受过噪声儿童的三分之一。

要命的噪声

刀剑棍棒可以致人于死地，但是你听说过噪声也能致人死亡吗？

据说，在第二次世界大战期间，德国人曾使用过一种残酷的折磨人的刑法——"噪声刑"。在审讯室里将墙壁天花板以及地面制成像音箱扩音器一样极易造成共鸣的结构。声音与声音交织着、混响着，犯人顿时就会感到好像有无数支箭向耳朵里射去，有千万只蜈蚣在耳朵里乱咬。受刑后许多犯人的耳膜破裂，失去听觉，严重的很快就死亡了。

为什么噪声可以致人死亡呢？因为我们耳朵里的器官太脆弱了，以85分贝为起点，每增加5分贝，在一定的环境和时间内耳聋者就会增加10%。120分贝会使人耳痛，120分贝以上会让人的耳朵非常难受，火药爆炸时的声音大约为130分贝，因此经常有士兵在战场上被震晕，或是丧失听力。

随着城市的发展，城市里的噪声开始变得越来越大。噪声像

一个看不见的幽灵一样，经常在我们的耳边回荡，损害着我们的健康。

　　高某一家生活在一个县城的近郊，2006年5月，一个家具厂在他家的隔壁建成，从此家具厂发出的噪声让高某一家陷入了痛苦之中。一年、两年、三年……每天高某都彻夜难眠。因为休息不好，高某的神经系统出现了问题。2009年11月，高某自缢身亡。高某的家人在痛苦之余，也对家具厂产生了质疑，他们一致认为，家具厂对高某的死亡有着不可推卸的责任。

　　经过检测，家具厂发出的噪声高于国家规定的乡村生活区域环境噪声和工业企业厂界噪声标准。而通过高某生前的体检报告，可以证明高某之前身体状况很好。家具厂方面认为，高某的死亡与其生产经营行为没有因果关系，拒绝赔偿。于是，高某的家属将家具厂告上法庭，提出包括死亡赔偿金在内共计30多万元的损失赔偿请求。最终，法院判定家具厂赔付10多万元的赔偿金。

　　人们虽然知道噪声扰人，但是对于噪声到底对人类健康有什么样的实际危害却一直不甚了解。2003年，世界卫生组织（WHO）疾病项目的噪声环境负担工作组一直在尝试研究这个问题，目的是研究出一种可以让每个国家能够决定花多少钱来减少噪声的标准理论。

　　世界卫生组织就噪声问题所发布的新证据是：全世界成千上万的人死于由于长期接触噪声所导致的疾病。

　　虽然还是初步的研究，但世界卫生组织的发现已经表明，长期接触交通噪声可能造成了欧洲缺血性心脏病人中3%的死亡率。全世界每年有约700万人死于心脏病，按照比例，其中有约21万人的死因是接触了噪声。

　　世界卫生组织调查的部分原因是由于最近几年人们对噪声污染的投诉快速增加。英国的一项调查显示，噪声对45%的人有很大影响。与此同时，由英国国家统计办公室收集的数据表明，在过去的20年，人们对噪声污染的投诉增加了5倍。其中，对邻居

吵闹的抱怨声最高，其次是对酒吧噪声扰民的投诉，有2%的被访者说他们甚至因为吵闹的邻居而搬家。

　　无论世界卫生组织新的数据是否能够改变人们对噪声的看法，至少这是一个开始。或许就在未来的某一天，人们会深刻地认识到噪声的危害，噪声或许将像吸烟一样不被全社会所接受。

　　一个国际专家小组经过四次会谈，针对噪声对全欧洲人口的影响作出了初步估算。新的数据表明，在欧洲有2%的人因为噪声污染引起严重的睡眠障碍，至少15%的人受到噪声的严重骚扰。研究人员计算出，长期接触交通噪声引起的耳鸣，可以占到全部耳鸣病例中的3%，"休闲噪声"音量过大，也是引起听力损害的元凶。

噪声污染的防治

　　一提起噪声的危害，受谴责的往往总是工业噪声、交通噪声，而对于其他噪声污染，人们却往往采取听之任之的宽容态度，殊不知所有的环境噪声都是毫不逊色的"无形杀手"。这种污染看似无足轻重，但长时间积累下来，对我们的健康是有很大危害的，不仅仅是对耳朵有损伤，甚至对身体和精神都有或多或少的伤害。

　　我们要根据不同噪声的特点，把噪声污染防治对策贯彻到噪声污染防治的手段中去。噪声污染防治的手段主要包括以下几个方面：

　　首先要尽可能避免噪声。虽然国家已经着手对噪声进行治理，但要彻底解决问题，却不是短时间内能做到的。因此，我们应该从自身做起。例如，在不影响工作、学习和娱乐的情况下，应严格控制家用电器和其他发声器具的音量，尤其是使用高频立体声音响时，其音量一定要控制在70分贝以下。开车时不要随

意按喇叭，不要在公共场合大声接打手机，不要经常到人声嘈杂的商业区或歌厅去"接收"噪声等等，尽可能地减少人为噪声的危害。

国外已经兴起了"寂静别墅"并深受人们欢迎，但出于国情，我国现在尚无力效仿，因此，我们只能在自己的家中创造出一种寂静的气氛。家庭成员和邻里之间要和睦相处，不争吵、不喧哗，适当控制娱乐时间，为大家特别是孩子创造一个安静、温暖、文明的家庭环境。遇到室内噪声污染的情况时，可进行室内噪声检测，然后根据污染源采取相应的防治措施，如果是由外界造成的噪声污染，可以联系有关部门解决。

运用技术措施防治噪声污染。要针对不同类别的噪声制订不同的污染防治技术方案，对消声、隔声、减震等噪声污染防治设施的设计和建设制定技术规范，指导和规范噪声污染防治设施设计和工程建设活动，保证噪声污染防治工程和设施的建设质量，发挥防噪降噪的作用。

营造隔音林。为了减小噪声而采取的措施主要是隔声和吸声。隔声就是将声源隔离，防止声源产生的噪声向室内传播。在马路两旁种树，对马路两侧的住宅就可以起到很好的隔声作用。在建筑物中将多层密实材料用多孔材料分隔而做成的夹层结构，也会起到很好的隔声效果。为了消除噪声，常用的吸声材料主要是多孔吸声材料，如玻璃棉、矿棉、膨胀珍珠岩、穿孔吸声板等。材料的吸声性能取决于它的粗糙性、多孔性等因素。另外，

建筑物周围的草坪、树木等也都是很好的吸声材料，所以我们种植花草树木，不仅美化了我们生活和学习的环境，同时也防治了噪声对环境的污染。

运用规划手段防治噪声污染。规划是噪声污染防治的最重要手段之一，目前的许多噪声污染问题都是由于不合理的规划造成的，或者说是在规划过程中没有充分考虑噪声污染因素而产生的。因此，通过科学合理的区域规划，注重区域功能布局，从空间地域上避免噪声对可能影响对象的污染，应作为今后噪声污染防治的首选措施。这样可以消除很多因规划布局不合理带来的噪

声污染后遗症及难点问题。区域环境影响评价中也应把噪声功能区的合理规划纳入其中，作为重要的环境影响评价内容之一。

噪声危害着每个人的生活质量和身心健康，我们应积极参与到整治噪声的行动中来，共同创造安静的生活环境。

美国有一位儿科医生对万余名新生儿做了研究和统计，结果显示，在机场附近地区，新生儿畸形率从0.8%增加到了1.2%，主要表现为脊椎畸形、腹部畸形和脑畸形。日本的调查资料表明，部分噪声污染区的新生儿体重在2000克以下（正常新生儿体重为2500克以上），相当于早产儿的体重。

工业噪声污染及防治

随着工业的发展，产生了各种类型的机械设备，在工矿企业的生产活动中，这些机械设备的运行创造了巨大的财富，带来了人类的繁荣和进步，但也形成了工业噪声污染源，使工矿企业周围的声学环境受到污染。

所谓工业噪声，是指在工业生产活动中使用固定的机械设备时产生的干扰周围生活环境的声音。工业噪声主要包括空气动力性噪声、机械噪声和电磁噪声。

空气动力性噪声是由于气体振动而产生的。当气体受到扰动，气体与物体之间有相互作用时，就会产生这种噪声。鼓风机、空压机、燃汽轮机、高炉和锅炉排气放空等都可以产生空气动力性噪声。

机械噪声是由于固体振动而产生的。在撞击、摩擦、交变机械应力或磁性应力等的作用下，机械设备的金属板、轴承、齿轮等发生碰撞、振动而产生机械噪声。球磨机、轧机、破碎机、机

床以及电锯等所产生的噪声都属于此类噪声。

电磁噪声是由于电动机和发电机中交变磁场对定子和转子作用产生周期性的交变力，引起振动时产生的。电动机、发电机和变压器都可以产生这种噪声。

工业噪声是环境噪声的主要污染源之一。它不但会损伤人的听力，妨碍人们交谈，影响睡眠和休息，干扰正常工作，还会引起神经系统、心血管系统、消化系统的疾病。工业噪声污染已经严重影响了人们的生活。

工业噪声污染的防治，涉及以下几个方面：

第一，控制和消除噪声源是一项根本性的措施。通过工艺改革以无声或产生低声的设备和工艺代替高声设备，如以焊代替铆、以液压代替锻造、以无梭织机代替有梭织机等；加强机器维修或减掉不必要的部件，消除机器摩擦、碰撞等引起的噪声；机器碰撞外用弹性材料代替金属材料以缓冲撞击力，如球磨机内以橡胶衬板代替钢板，机械撞击处加橡胶衬垫或加铜锰合金等。

第二，合理进行厂区规划和厂房设计。在强噪声车间与非噪声车间及居民区间应有一定的距离或设防护带；噪声车间的窗户应与非噪声车间及居民区呈90°设计；噪声车间内应尽可能将噪声源集中并采取隔声措施，室内装设吸声材料，墙壁表面装设或涂抹吸声材料以降低车间内的反射噪声。

第三，对局部噪声源采取防噪声措施。采用消声装置以隔离和封闭噪声源；采用隔振装置以防止噪声通过固体向外传播；

采用环氧树脂充填电机的转子槽和定子之间的空隙，降低电磁噪声。

第四，对工业噪声接受者的防护。由于技术上或经济上的原因，噪声超过国家卫生标准的岗位上的职工，多采用个人佩戴耳塞、耳罩或头盔来保护听力。此外，还应定期对接触噪声的工人进行听力及全身的健康检查。如发现高频段听力持久性下降并超过了正常波动范围者，应及早调离噪声作业岗位。凡患有感音性耳聋及明显心血管、神经系统器质性疾病者，不宜从事有噪声的工作；尽量缩短在高噪声环境中的工作时间；定期对车间噪声进行监测，并对有严重噪声危害的厂矿、车间进行卫生监督，促使其积极采取措施降低噪声，以符合国家卫生标准的要求。

　　工业噪声对工人的影响：长时间职业性暴露在85～90分贝以上的噪声中可使工人产生言语听力损伤，此外，还可引起植物神经紊乱如睡眠不良、头痛、耳鸣以及心血管功能障碍等。工人在110分贝以上的噪声中即便是短时间的暴露，对于某些人有时也会造成永久性的听力损伤。

汽车噪声污染

汽车行驶在道路上时，发动机、喇叭、轮胎等都会发出大量人们不喜欢的声音。汽车噪声严重影响着人的身体健康。近年来，城市机动车的数量增长很快，伴随而来的交通噪声污染环境现象也日益突出。专家们甚至认为，汽车对环境最大的危害是噪声污染。实际上，城市里最吵闹的噪声应属汽车喇叭声。走在马路上，川流不息的汽车带来的是阵阵刺耳的喇叭声。无论你是在办公室、教室、医院，还是在家里，喇叭声都一样不能让你的耳朵清静。

汽车的噪声源有很多种，例如发动机、变速器、驱动桥、传动轴、车厢、玻璃窗、轮胎、继电器、喇叭、音响等等都会产生噪声。这些噪声有些是被动产生的，有些是主动发生的（如人为按动喇叭）。一般来讲，汽车噪声有四个"源头"：发动机噪声、轮胎噪声、空气噪声和车身结构造成的噪声。

发动机表面辐射噪声是主要的。发动机表面辐射噪声由燃烧

噪声和机械噪声两大类构成，是发动机内部的燃烧及机械振动所产生的噪声。燃烧噪声是指气缸燃烧压力通过活塞、连杆、曲轴、缸体等途径向外辐射产生的噪声，机械噪声是指活塞、齿轮、配气机构等运动部件之间机械撞击产生的振动噪声。一般情况下，低转速时燃烧噪声占主导地位，高转速时机械噪声占主导地位，两者是密切相关、相互影响的。实践表明，减少振动是降低噪声的根本措施。增加发动机结构的刚度和阻尼，可以减少表面振动，从而达到降低噪声的目的。

轮胎在路面上滚动产生的噪声也是很大的。有关研究表明，在干燥的路面上，当汽车时速达到100千米/时，轮胎噪声成为整车噪声的重要噪声源。而在湿润的路面上，即使车速低，轮胎噪声也会盖过其他噪声成为最主要的噪声源。轮胎噪声来自泵气效应和轮胎振动。所谓泵气效应，是指轮胎高速滚动时引起轮胎变形，使得轻胎花纹与路面之间的空气受压挤，随着轮胎滚动，空气又在轮胎离开接触面时被释放，这样连续的压挤、释放，空气就迸发出噪声，而且车速越快噪声越大，车辆越重噪声越大。轮胎振动与轮胎的刚度和阻尼有关，刚度增大，阻尼减少，轮胎的振动就会增大，噪声也就大了。要降低轮胎的噪声，胎面可采用多种花纹节距和高阻尼橡胶材料，调整好轮胎的负载平衡以减少自激振动等。

空气噪声。一是风噪，就是由车身周围气流分离导致压力变化而产生的噪声；二是风漏，或叫吸出音，是由驾驶室及车身

缝隙吸气而与车身周围气流相互作用而产生的噪声；三是其他噪声，包括空腔共鸣等。

车身结构噪声。主要是受两个方面因素的影响，一是车身结构的振动传递方式；二是车身上的金属构件产生振动而产生噪声。

随着汽车工业的迅速发展，人们对于汽车的舒适性和振动噪声控制的要求越来越严格。据国外有关资料表明，城市噪声的70%来源于交通噪声，而交通噪声主要是来自于汽车噪声。它严重地污染着城市的环境，影响着人们的生活、工作和健康。汽车

的噪声大小直接决定着交通噪声对人们生活的影响，而且汽车噪声的大小也是衡量汽车质量水平的重要指标，因此，汽车噪声的防治也是世界汽车工业的一个重要课题。

环保小贴士

　　交通噪声是一种不稳态的噪声，它与机动车类型、数量、速度、相互之间的距离、道路状况、周围建筑物等有一定的关系。在距离交通干线中心15米处测得的噪声结果为：拖拉机85～95分贝；重型卡车80～90分贝；中型卡车70～85分贝；摩托车75～85分贝；轿车65～75分贝；车速加倍，交通噪声平均增加7～9分贝。

汽车噪声控制

交通噪声污染被称为城市的新公害。统计显示，汽车所产生的噪声甚至已经占到了城市噪声的70%！因此，汽车噪声的控制，不仅关系到乘坐的舒适性，而且还关系到环境保护问题。汽车的噪声控制主要包括从机械原理出发的噪声控制、从声学原理出发的噪声控制和主动控制。

从机械原理出发的噪声控制措施主要包括以下内容：

随着科技的发展，各种新型材料应运而生，可以用一些内摩擦较大的合金、高强度塑料生产机器零件；风扇则可以选择最佳叶片形状降低噪声；齿轮改用斜齿轮或螺旋齿轮，啮合系数大，可降低噪声3~16分贝；改用皮带传动代替一般的齿轮传动，因为皮带能起到减震阻尼的作用；选择合适的传动比也能降低噪声。

提高汽车零部件的加工精度和装配质量，使机件的摩擦尽量减小，从而降低噪声。减小偏心振动以及提高机壳的刚度，也

可以减小噪声。这项措施主要取决于汽车的研发和生产组装等环节，一般是在车辆出厂时采取的降噪措施。后期的使用和维护过程中，避免机械设备和车辆的空载和超载，选用好的润滑油，都可以降低噪声。

从声学原理出发的噪声控制措施主要包括以下内容：

吸声：吸声是用特种被动式材料来改变声波的方向，在车内合理地布置吸声材料能有效降低声能的反射量，达到降噪的目的。目前在汽车上使用的吸声材料主要为多孔性吸声材料，其原理是当声波进入材料表面空隙，引起空隙中的空气和材料微小纤维的振动，来消耗声能达到吸声目的，一般有尼龙、人造丝、聚酯等多孔性材料。另外，采用穿孔板结构，在板与车身之间保留一定的空隙，形成亥姆霍兹共振腔也可以耗散声能。

隔声：这种方法是用某种隔声材料将声源与周围环境隔离，使辐射的噪声不能直接传播到周围区域，从而达到降低噪声的目的。常用措施是采用隔声结构，选用隔声结构时应考虑所隔噪声的特点、隔声材料、结构性能、成本。通常采用双层壁结构，在夹层中填充玻璃棉聚酯泡沫、毛毡等吸声材料，进一步提高隔声效果。

减震：汽车的外壳都是由金属薄板制成的，汽车身行驶过程中将振动传给车身，在车身中以弹性波形传播，这些薄板受到激振产生噪声，同时引起车体上其他部件的振动。防止发动机、传动系、悬架及轮胎的振动传入车内；加强地板、顶棚等大面积钣

金件的刚度，尽量少用大面积钣金件；覆盖件采用加强筋增大刚度的方法，都可以防止车身自身振动。

随着微电子学的发展，主动控制降噪方法得到广泛应用。噪声主动控制是近20年来发展起来的一种全新的噪声控制方法。与传统的降噪措施相比，其突出的优势在于低频噪声控制效果好，此外，它还具有对原系统的附加质量小和占用空间小等特点。主动噪声控制通常是利用声波干涉的原理进行以声消声，当两个声波在叠加点处振动的方向一致、频率相同及相位差恒定

时，它们会发生干涉现象，引起声波能量在空间中的重新分配，此时利用人为的声源，使其产生的声场与原噪声源产生的声场发生相干性叠加，产生"静区"，从而达到降低噪声的目的。

降低汽车噪声是未来汽车科技的一个重要课题。汽车噪声的治理应走全方位综合治理之路。首先，政府需要完善汽车噪声的相关法律法规，为治理汽车噪声提供强有力的法律保证和持久的推动力；其次，科技手段是治理汽车噪声的根本途径，各汽车厂商应遵循国家标准，利用一切科技手段，积极开发消声新技术，不断促进汽车的低噪声化。

环保小贴士

欧、美、日等一些汽车业发达的国家都已经颁布了汽车噪声法规，规定了汽车噪声限值和相应的检测规范，同时，还制定了大量包括发动机等在内的总成噪声试验标准。目前，汽车上一般都安装了排气消声器。排气消声器是具有吸声材料或特殊形式的气流管道，它可以有效地降低气流噪声。另外，发展利用电能、太阳能等能源的车辆代替现有汽车，能大大降低噪声，并可以彻底解决现有汽车对大气的污染问题。

烦人的汽车喇叭声

随着生活水平的提高，汽车进入了寻常百姓家。汽车不光给我们的生活带来了方便，同时也给我们带来了诸多烦恼。停车、行车中的一些不文明行为，已不知不觉地干扰了人们的生活。高分贝的汽车喇叭声尖锐刺耳、此起彼伏，困扰着人们。整治违章鸣笛的最大难处是取证，违章鸣笛事实不好明确，交警明明听见了，可司机就是不承认，交警也很无奈。

如何整治汽车违章鸣笛呢？

科学执法，提高管理水平。由于违章鸣笛随意性较大，交管部门对乱鸣笛责任者的确定感到头疼，处罚相当困难，以至于汽车喇叭声扰民现象长期得不到有效治理。因此，要针对违章鸣笛难以取证的特点，采用更加科学的手段，不断改进执法方式，强化管理，花大力气整治乱鸣笛现象。

建立汽车喇叭声频率和响度的地方标准，降低喇叭声扰民的影响程度。严格禁止城区车辆特别是大型车辆使用高音喇叭，并

在主城区各路口和高速公路收费站加强检查，禁止高音喇叭车辆进城。

加强宣传，加大处罚力度，建立长效管理机制。首先应通过各种渠道广泛宣传，提高人们对喇叭声危害健康、破坏城市生活环境严重性的认识；其次，有关部门应建立起长效管理机制，落实责任制，将整治违章鸣笛作为长期工程，纳入部门年度目标考核；第三，把如何按喇叭作为新司机培训的一项内容；第四，要加大对恶意鸣笛现象的处罚力度，将其作为考核司机社会公德和社会责任感的一项标准，对恶意鸣笛等情节恶劣者采取记分、暂扣或吊销驾照的处罚方式；第五，建议司机安装带开关的喇叭，在禁鸣区关闭喇叭。

增加警力执勤。这种方法是最直接有效的，增加警力在各个路口进行执勤，能够对想乱按喇叭的司机起到震慑作用。司机知道这些路段有交警执勤，就不敢随便乱按喇叭了。还可以考虑安排两位警察一起执勤，这样在取证的时候比较有说服力。正所谓"群众的眼睛是雪亮的"，或许仅凭交警一人之力确实很难准确判断，但是如果路上行人出来做证，乱按喇叭的车主就不得不承认了。曾有民间车友协会发起了"黄眼睛"的活动，有车一族是志愿者队伍的主要成员，在世博会期间志愿者只要在路上看到了不文明的行车现象，都可以用相机记录下来，上报有关组织或者传到网络论坛上予以曝光。

在车上安装喇叭噪声感应器。在目前的技术条件下，可以研

制喇叭噪声感应器，并标配在整车上，这种感应器能够记录按喇叭的时间、次数、音量大小，如果交警一旦发现车主乱按喇叭，就可以直接从这辆车上取证了，司机也就不得不承认了。

对违章鸣笛车辆声测定位。有报道称，在全国青少年科技创新大赛上，一名中学生的"违章鸣笛车辆声测定位优化模型研究"获得一等奖。其原理是把传感器设在马路两边的路灯上，当"听"到违章鸣笛声后，就把采集到的数据传到电脑系统，测出声源的位置。随后，电脑把这个位置点映射到当时的监控录像上，从而找到处在该位置的违章汽车。

　　为了保持城市安静，减少汽车喇叭声造成的噪声污染，司机应遵守道路交通安全法规和规章制度，不闯红灯、不乱按喇叭，遇到堵车时按顺序停靠，尽可能地相互礼让。车让车让出秩序，车让人让出安全，人让车让出文明，人人都应树立"少按一次喇叭，少一点噪声"的环保理念，做到文明行车。

　　一种车辆违章鸣笛自动取证方法的发明问世了。其原理是在道路监控点安装摄像头和麦克风，利用音频采集模块和视频采集模块实时对麦克风接收的声音信息和各个摄像头接收的图像信息进行处理和鸣笛声识别，若识别到鸣笛声，再对声源定位，并对图像信息进行标注，这样就和限速违章拍照一样，能够精准定位，采集到违章鸣笛的证据。

高速公路噪声

　　高速公路是现代化交通的重要组成部分，是国民经济发展水平的重要标志。高速公路的飞速发展促进了当地经济的发展，但也逐渐暴露了其对自然环境的破坏问题。高速公路运营期间所产生的交通噪声，必然会给周边地区居民的生活、工作、学习和休息带来严重干扰。

　　交通噪声会使人们的学习、工作效率降低，工作质量下降，严重时甚至会影响人们的身心健康。另外，交通噪声还会影响到公路沿线的经济发展。例如，受噪声影响严重的房地产、工厂、商业大厦的经济效益和生产效益都会有不同程度的下降，噪声还直接影响到周围土地的价值。

　　防治交通噪声的基本措施主要包括以下几个方面：

　　合理布局，优化路线设计。合理使用土地和划分功能区域是减少交通噪声扰民的有效方法。在进行高速公路规划和建筑规划时，应使高速公路尽可能远离噪声敏感区域，也应使居住建筑

物远离高速公路，以减少交通噪声对居民生活、工作、学习的干扰。选择建筑物场所和位置时，应根据不同的使用目的和建筑物的噪声标准，决定建造学校、医院、住宅区和工厂区的合适地址。同时，应该充分重视高速公路建设期间和营运后一定时间内对沿线地区的影响。对现有公路既应考虑目前交通噪声现状和对广大居民的影响，又要考虑未来公路交通发展对沿线两侧居民的影响，真正做到预防为主，综合治理。

选择低噪声的路面结构。对于中小型汽车，随着行驶速度的加快，轮胎噪声在汽车噪声中的比例越来越大，因此，直接修建低噪声路面就显得很有意义。所谓低噪声路面，也称多空隙沥青路面，又称为透水(或排水)沥青路面。它是在普通的沥青路面、水泥混凝土路面或其他路面的结构层上，铺筑一层具有很高空隙率的沥青混合料，其空隙率通常在15%~25%之间，有的甚至高达30%。根据表面层厚度、使用时间、使用条件及养护状况的不同而不同，与普通的沥青混凝土路面相比，此种路面可降低交通噪声3~8分贝。其优点是：由于混合料孔隙率高，不但能降低噪声，还能提高排水性能，在雨天能提高行驶的安全性；局限性是：耐久性差，集料、黏结料要求高，水稳定性要求高，使用一段时间后，孔隙易被堵塞。

构筑声屏障阻断噪声。声屏障降噪主要是通过声屏障材料对声波进行吸收、反射、透射和衍射等一系列物理反应来降低噪声。声屏障按构成材质可分为：土堤、木质、钢筋混凝土、金

属、玻璃钢以及吸音材料的复合材料。声屏障形式可分为防噪堤和声屏墙。防噪堤常用于路堑或挖方地段，开挖出的土可直接用来修筑防噪堤并进行相应的绿化。屏障墙可分为反射式和吸声式，主要采用吸声材料降低噪声。声屏障的优点是节约土地、降噪明显，同时由于采用拼装式而具有可拆装的优点。但声屏障也会产生一些副作用，如易造成驾驶员心理压抑；透明材料墙体易发生炫目和反光现象，并且需要经常清洗。因此，声屏障应设在距路肩边缘2米以外，声屏障墙体不宜高于5米。声屏障长度大于1千米时，应设紧急疏散口。

一般来说，在城市中，高层建筑往往楼层越高噪声会越大，1～5层噪声最小，11层中等水平，24层最大。这是因为，楼层越高俯瞰的范围越大，很远处马路上的噪声都能传过来，相对的有效噪声源多；楼层低，很多可能直达的噪声源被其他建筑物遮盖了，这样噪声就减小了。如果噪声主要来源只有一条马路，情况会有所不同，往往底层噪声最小，高层建筑中部噪声最大，楼层较高时由于声音的距离衰减噪声会变小。

船舶噪声污染

　　为了适应国民经济快速发展的需要，我国近年来大力发展内河航运，并取得了长足的进展。但是，内河航运的蓬勃发展也必然会带来一系列的相关问题。其中船舶的噪声污染已经越来越严重，必须予以足够的重视。由于经济发展和内河航道条件的原因，我国内河船舶大多集中在经济较为发达、人口集中的东部水网地区营运，而这些地区的航道又常常穿越两岸居民密集的城镇。川流不息的内河小型机动船舶构成众多流动噪声污染源，船舶运转时所发出的轰鸣声在城市附近、河道狭窄地段显得非常刺耳。强烈的噪声使人易产生疲劳感，甚至危害人体健康。

　　船上的柴油机、汽轮机、锅炉、齿轮、鼓风机、泵、通风机、压缩机和螺旋桨等，因振动、撞击和气流扰动等成为船舶的噪声源，其中主机、辅机和螺旋桨是三个主要噪声源。船舶噪声有着噪声源多、声功率大、频谱宽且以低、中频为主等特点。船舶噪声源分为动力装置噪声、结构激振噪声、辅助机械噪声、螺

旋桨噪声和船体振动噪声等。

动力装置噪声。动力装置噪声主要包括主机、柴油发电机组、齿轮箱及主辅机的排气管产生的噪声。它是船舶上最强的噪声源，该噪声的强弱决定了柴油机船的噪声级。它既有进排气系统空气动力噪声，又有运动部件的撞击和主机本身不平而产生振动所造成的机械噪声。

结构激振噪声。机械内部的激振能量经机架被传递到各基座后向船体传播，继而船体开始振动产生噪声。这些产生噪声的激振能量，源自机器燃烧过程和活塞往复运动引发的脉冲振动。振动的能量取决于振动的振幅和频率，而且在宽频带范围内的振动，还会辐射出二次噪声。

辅助机械噪声。辅助机械噪声主要包括各种舱室机械和甲板机械工作产生的噪声。这种噪声主要来自锅炉燃烧、通风机通风、液压系统和空调系统等。

螺旋桨噪声。螺旋桨噪声的强度较主辅机噪声的强度要弱，影响范围也主要限于尾部舱室。其噪声性质可分为两种：一是低频噪声，是由桨叶和流体相互作用的流体动力效应及水流冲击尾柱而引起的；另一种是叶片振动而产生的高频噪声。

船体振动噪声。船体振动噪声是由主辅机及螺旋桨的扰动和各种机械及波浪的冲击引起的振动而产生的。

船舶噪声源产生的噪声通过空气介质和船体结构两种途径传递，以空气噪声和结构噪声两种方式传播一个噪声源，既能通过

噪声源直接激发空气振动，以空气噪声方式通过舱壁、甲板、天花板，沿着通风道，经过网孔、舱口、窗、非密门等传播；也能通过噪声源处承受各种机械力的基座或各种非支撑性的部件产生振动，以结构噪声方式传播。结构振动以弹性波形式在基座—船体结构—舱室的外围结构中传播，在传播中辐射空气噪声声源舱室内的噪声，几乎全由空气噪声决定，距离声源稍远的居住舱室内的噪声则全由结构噪声决定。对于较大型的船舶，机舱和螺旋桨产生的结构噪声远比空气噪声对居住舱室的影响严重；对于小型船舶，空气噪声的影响是主要的。

按照国家相关标准，交通干线两侧居民区执行四类噪声标准，白天噪声应小于70分贝，夜间应小于55分贝。但实际上很

难在航道两侧200米范围内达到上述标准，船舶噪声不仅使航道两侧的居民深受其害，而且影响船员的工作、生活和身体健康。随着人们环保意识的增强，对内河船舶噪声的投诉日益增多，人们强烈要求治理内河船舶的噪声污染。

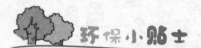

人为活动噪声能影响鲸、鸟类和鱼类的日常行为、摄食和生态学过程。研究表明，长期暴露于噪声等应激状态下会导致生物体处于一种异平衡负荷，生物体适应异平衡付出的代价是造成能量的消耗，进而造成机体各项机能的下降。受噪声影响轻者可致捕食、种间交流和洄游等能力下降，重者可屏蔽听觉或引起暂时性失聪。研究发现，在不考虑鱼类听觉阈值的情况下，噪声能引发鱼类的内分泌学胁迫应答。噪声能破坏有机体的繁殖、生长和发育，因此，船舶噪声对养殖鱼类的影响非常大。

船舶噪声控制

所谓噪声控制是指采取相应技术措施控制噪声源的发生、输出、传播和接收，以得到人们所要求的声学环境。船舶噪声控制包括三个方面：一是声源噪声的控制；二是传递途径的噪声控制；三是接收器噪声防护设备的使用。

声源控制是噪声控制中最根本和最有效的手段。使用噪声小的主机、辅机和螺旋桨，并且合理地安置噪声源，使其向船舶及周围传播较少的声音和振动能量。现在大部分船舶都是以柴油机作为主机和发电机的原动机，如使进排气通道避免急剧转弯和加装消音器等，可以降低主、辅柴油机进、排气的噪声，合理组织供油，减小喷油提前角，缩短预燃期或在预燃期内减少喷油量，缩短着火延迟期和减少滞燃期内形成的可燃混合气体数量等等，这些都可以减少柴油机燃烧的噪声。合理进行船舶舱室的布置，将机器或整个机舱与船上其他部分隔绝开来，并增加噪声在结构中的传输损耗，控制共振幅度，使之传到居住舱室和其他办公舱

室的噪声很小，还可以采用改进机器的动平衡隔离声源的振动部分、使用阻尼材料、改进润滑或改变共振频率、破坏共振等方法。

传递途径中的控制是最常用的方法。传递途径中对噪声的控制措施主要有吸声、隔声、隔振等，这些可以起到事后补救的作用。吸声主要是在舱室天花板和四壁表面敷设吸声材料和吸声结构，或在室内空间悬挂吸声体，这样会使室内的反射声大大减弱，降低噪声。隔声是将噪声源或需要安静的场所与外界环境进行有效隔离。在船舶噪声控制中，对空气噪声隔声，可采用刚性和不吸声的钢板、铝板等做成隔声壁，为提高隔声效果，可采用双层壁，还可采用隔声罩和隔声室等措施。对噪声源隔振就是在机械设备与安装基础之间引入一个隔振装置，以改变机械设备与基础之间的运动关系。

接收器噪声防护设备提供的被动保护也是重要手段。在机器多而人少（如机舱）的舱室中，在降低机器噪声不现实或不经济的情况下，噪声防护设备给受噪声污染者提供的被动保护就显得更实际更重要。尤其在目前，对大型主机采取的声振控制措施尚不完善，需要对船员采取保护措施防止听力受害，如船员可以戴上护耳器、耳罩、耳塞、防声头盔，或在隔声间（如机舱集控室）内值班工作，就可以减少噪声对身体的伤害。

用绿化降低船舶噪声。首先要了解船舶噪声的一般特征。声音一般呈放射状传播，其频率和波长成反比关系，声音的频率越高，其波长就越短，传播的方向性就强，在传播方向上遇到表面

比较光滑的物体，容易被反射，遇到树木等物体，容易被吸收，声音就会有较大的减弱，而声音的频率越低，其波长就越长，传播的方向性就弱，容易绕过尺寸小于其波长的物体而向远处传播。在一个相对封闭的空间内的声音，由于传播途径被阻断，就不容易向外传递。船舶产生的噪声也是一种声音，具有声音的一般特性，由于船用柴油机产生的绝大部分噪声频率较低、波长较长，很容易绕过河道沿岸的绿化的小树，几乎无阻挡地向外传播，从而造成噪声污染，影响附近居民。根据船舶噪声的特点，可用立体层次、表面覆盖、局部封闭、利用新型材料护岸等方法降低噪声。

随着社会的发展和进步，环境保护意识和可持续发展观念日益深入人心，必将对船舶噪声的控制提出更加严格的标准和

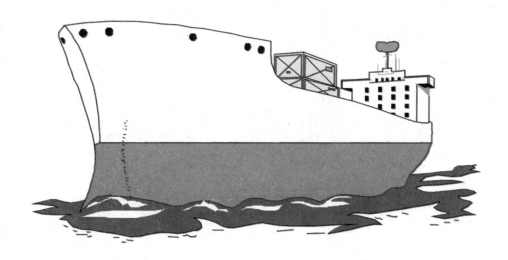

更高的要求，这也会使船舶设计、制造和检验部门面临更严峻的挑战。

对于船舶噪声污染，我国从中央到地方都出台了一些监督与管理规定，而且采取了一些切实可行的措施。但由于船舶噪声污染的监督与控制涉及多部管理法规和多个管理部门，并且对环境的影响没有普遍性，相对于其他噪声污染还只占很小的一部分，因此不容易引起人们的重视。

喧闹的海洋

  人类活动给海洋带来的不只是物质污染，还包括越来越多的噪声污染。海洋噪声让很多海洋动物，特别是海洋哺乳类动物深受其害。这些动物不时发生的搁浅事件与噪声污染有着千丝万缕的联系。联合国教科文组织已启动相关实验项目，研究噪声污染对海洋生物可能产生的影响。

  美国麻省理工学院和康奈尔大学的科学家们对海洋深处的噪声污染进行了研究，得出的结论是：海洋深处的某些地方，就像纽约时代广场中午时分一样喧闹。这些噪声是由北极冰山的开裂声，北海石油平台的钻探声，油轮、舰艇等的螺旋桨声交汇而成的。这些噪声破坏了海洋的宁静。

  在世界各大海洋中，最平静的是太平洋。在南太平洋的深处测到的噪声不到60分贝，这相当于大草原午夜时的噪声强度。南太平洋深处比较宁静的原因是几乎没有什么商船经过那里。与太平洋相比，欧洲的北海则是噪声较大的海，在那里，石油平台

钻探时发出的声音最高时可达180分贝，而人耳的痛阈为120分贝。可见北海的噪声污染已经严重到了令人难以忍受的程度。

科学家们对海洋污染进行了研究，得出的结论是，海洋的噪声污染某种程度上应归咎于海水酸化。其原因是近年来海水中溶解了大气中越来越多的二氧化碳，碳酸盐的增多极大降低了海水的pH值，导致海水酸化。其实，波浪震动的声波本来可由海洋黏性及各种可溶矿物质吞没，而硫酸镁、硼酸盐和碳酸盐等可溶矿物质的浓度根本上取决于海水的pH值。追根溯源，二氧化碳等温室气体导致的海水酸化可以说是海洋噪声污染的罪魁祸首。

海洋噪声污染危害最严重的是深层海域。冷水比热水能溶解更多的二氧化碳，所以深层海水的pH值也随之明显下降。科学家称，以北大西洋为例，除深层海水的自然条件外，密集的船舶运输与大量的工业活动更加剧了该地区的海洋噪声污染。相反，温度较高的海域由于其盐度高，受到的影响较小。

科学家们认为，海洋深处的真正噪声污染，主要来自船舶的螺旋桨和钻井平台。它们所形成的噪声污染对海洋生物有较大的影响。科学家们经过反复调查发现，不同的噪声污染对不同的海洋生物会产生不同的影响。如太平洋北部的海牛，对船舶的螺旋桨声很敏感，因而它们总是避开繁忙的航道。石油平台附近的爆炸声，会给鲸的听觉器官带来非常大的伤害，导致它们辨不清方向。

　　海洋噪声污染严重威胁着海洋生物的生存和繁衍，首当其冲的是鲸鱼等海洋哺乳动物。因为它们同样靠低音交流，在人为声波的影响下，它们的沟通将会变得十分艰难。生物学家把鲸群的大量搁浅也归咎于海洋噪声，因为噪声会影响它们的回声定位能力，只有座头鲸和白鲸能够躲避石油钻探及密集的海洋运输的海域，从而逃离噪声的危害。更为极端的情况是，海底的开裂声会摧毁动物的组织和听觉。

　　海洋矿物质主要在1000赫兹的频宽中对消音起作用，所以科学家预言，海水中的低音将会增加。研究表明，如果海水pH值再下降0.6个单位，那么海洋的吸收能力在100赫兹至10000赫兹的区间内将降低60%。

为了保护海洋生物，我们应该对海洋深处的噪声污染给予足够的重视和切实的治理，努力把海洋深处的噪声污染及其危害降到最低限度。

21世纪初，人们在西班牙阿斯图里亚斯沿海发现了巨型的鱿鱼尸体。科学家们在对巨型的鱿鱼尸体进行研究时，发现它们的身体遭受了严重损伤，套膜变成浆状，触须青肿，平衡器也遭到损害。这些充满液体的器官位于鱿鱼眼睛的后面，帮助它们在水中保持平衡。科学家们怀疑，来自船只的强大声脉冲将这种动物推向死亡。

为海洋降噪

当飓风逼近，尼莫船长被迫驾驶着"鹦鹉螺号"潜到海面下方45米时，《海底两万里》的主角阿隆纳斯教授被海底世界震撼了："再也听不到海浪的咆哮声，多么宁静，多么平和，多么不可思议啊！"但那是1870年发生的事情了。

如今，当潜水爱好者和海洋专家潜入深海某处时，也许感受到的会是一片喧闹声。军舰进行操练时发出的噪声，石油开采时空气枪发出的声音，商船货轮来往时的鸣笛声，无时无刻不在海洋深处回响……海洋噪声污染现象变得越来越严重。

尽管海洋自身的活动也产生各种声音，但令海洋学家们更为担心的是，强烈持久的人造噪声正让许多海洋生物，特别是哺乳类动物深受其害。它们长久以来依赖着各种声波来进行导航、觅食和沟通，如今却像是被挖去了眼睛，捆住了手脚。

美国自然资源保护委员会的高级分析员迈克尔就是一位海洋噪声的反对者。他曾经控告过美国海军，认为他们的噪声严重威

胁着海洋哺乳动物的生存，需要尽快降低这种噪声污染。但是，噪声应该降到多低呢？这种污染到底有多严重？对土壤、大气和水体的污染，科学家们都作出过细致明确的研究，但对于海洋噪声却很少有人涉猎。

直到2011年，美国国家海洋和大气管理局召集了一个工作组，开始对美国领海附近的海洋噪声进行探测和绘图。这个项目进行的目的是从时间、空间和光谱特性上对海洋的人造噪声进行记录，并绘制成有史以来的第一幅大型声音地图。这样才能对人造噪声的特性有更好的认识，找出降低海洋噪声污染的方法。

在绘制海洋噪声地图时，考虑到噪声有周期性和季节性的变化，研究者们不但记录了实时噪声的高低峰值，也将全年的波动值平均一下，以得出更持久和宏观性的结果。比如，研究人员为北大西洋绘制的噪声地图就超过了两打。将它们统一归纳后，得出的汇总图分别用红色、橙色、黄色、绿色和蓝色，将每个区域全年噪声污染的严重性进行了标示，蓝色的最低，代表40分贝及以下，红色则是噪声高达115分贝的区域。

我们可以看出，大西洋上层海水中大部分区域都是橙色的，一旦下降到海水深度1000米以下，就出现了许多蓝色区域。大西洋中脊也对噪声的隔断有明显帮助。而大部分哺乳动物的活动范围是浅海区，也就是橙色区域。

阳光照在海面上，能穿透的水深一般不超过200米，而声波在海水中传送的范围却是几百至上千千米。海洋哺乳动物在长期

的进化过程中，已经锻炼出了敏锐的听觉。以鲸鱼和海豚为例，它们的头部是由迷宫般的共鸣室组成的，它们能发出大量复杂的声波进行交流，同时用声波的感知探测补偿了可怜的视力所不能实现的功能。但在近年来的研究中，许多海洋生物学家发现，这些哺乳动物发出的声音减少了，这跟它们觅食和哺乳活动的减少是紧密相连的。

一艘货轮发出的噪声已经很大了，而海洋石油勘探时使用的高压空气枪的声音更为巨大。更糟糕的是，美国海军在操练时发出的噪声，追捕敌人潜水艇时发出的爆炸声，每次会导致几百头海洋动物永久性地失去听觉，几千头海洋动物暂时性失聪。每年因噪声污染而受伤的海洋动物超过25万。人们用这些直穿海底的声音来探测海床下埋藏的资源，却没想到自己为大自然和谐的声部增添了一组刺耳的音符。

环保小贴士

　　海洋中能发声的生物有甲壳类、鱼类和海生哺乳类动物等。它们发出的声响是多种多样的。甲壳类中以鳌虾为主，它们用鳌相互撞击作响。鱼类中能够发声的很多，如叫鱼能发出如叩击般的间断噪声序列；大黄鱼和小黄鱼能发出500～5000赫兹的咕咕声；海豚在各种不同的生态条件下发出不同的调频啸声，在寻找目标时发出短促的脉冲声。

机场噪声

　　机场是现代化城市的标志之一。机场给人们带来方便的同时，也带来了噪声污染。机场航空噪声的影响范围广，噪声烦恼度高，是城市区域环境噪声防治的难题之一。据报道，在欧美发达的大中型城市中，受机场航空噪声影响的居住区人数超过了受车辆交通噪声影响的人数，排在首位。美国、日本、欧洲等国对机场噪声问题非常重视，相关研究已有50多年的历史。我国属于发展中国家，目前城市交通噪声问题排在首要位置，但是随着经济的发展，各城市机场不断修建、扩建，航班越来越密集，机场及周边的航空噪声问题也日渐凸显。

　　机场航空噪声与其他城市区域环境噪声有着明显的不同之处。飞机噪声来自空中，地面地形、遮挡物等不能衰减飞机噪声。飞机噪声的时间特性也很特别，人们听到飞机噪声是由远及近，再远去。没有飞机经过时，可能非常安静，飞机从远处飞来时，首先听到的是隆隆的低频声，随着飞机的接近，声音不断增

大，中高频声音也多起来，飞到距离最近处噪声达到最大，在头顶时，中、高、低频的噪声成分都很多，飞机远去时，先降低的为中高频噪声，低频噪声再逐渐降低到正常水平。飞机噪声一般持续30~60秒左右，对于北京首都机场，飞机起降频次约3~5分钟，这就是说，机场周边地区每隔3~5分钟会出现一次30~60秒的飞机噪声。据相关研究，人们对这种安静环境中出现的短时持续噪声会感到非常不舒适，比持续的道路噪声更加令人烦恼。飞机噪声的另一显著特点是低频噪声大。根据国外文献资料，航空低频噪声比车辆交通低频噪声高5~10分贝，而中高频噪声平均来讲反而比交通噪声低，因此低频噪声控制是机场周边地区住宅隔声的关键问题之一。

一般说来，低音尚可以让人接受，高音令人难以忍受。喷气式飞机现在越来越多，而喷气式飞机的高音部分所占比例恰恰又比较大，因此声音在空气和建筑材料的传播过程中高音部分衰减得较慢，噪声问题仍然越来越突出。从整体上讲，人们越来越注重生活质量，希望减少噪声对日常生活的打扰。人们的环保意识日益增强，从而对飞机噪声更加敏感。机场噪声对人们的干扰是客观的，不会因人而异，人们对机场的敌对心理以及害怕飞机掉下来等则是主观的。而这些都在不同程度上影响机场噪声对人们的烦扰程度，因此适当的宣传教育可以降低人们主观的烦扰程度。

调查显示，机场噪声对个体的影响是不同的，而且差异很

大，但对群体的影响却是可以预料的。很明显，噪声强度越大越烦人。有趣的是，即使噪声强度非常大，仍有十分之一左右的人几乎不受影响；另一方面，即使噪声强度较低，也有一小部分人感到不满。噪声对人的影响不仅与噪声强度有关，还与噪声持续时间、出现时刻和出现频率直接相关。

在我国，二三十年前机场规模小、航班少，影响城市居民的

数量较少，即使处于航线附近的住户，直接的抱怨也较少。近年来，随着机场规模扩大，航班增多，同时，人们的维权意识也逐渐提高，对生活品质有着更高的要求，使得人们对机场噪声的抱怨越来越多。据国内调查显示，目前，遭到周边居民集体投诉的机场占15%~20%，这种状况与美国20世纪60年代末70年代初的状况比较类似，那一时期正是美国战后第二轮机场大规模建设和国内经济高速发展的时期。因此，加强机场噪声综合治理势在必行。

每年的12月7日是"民航国际日"。开展"民航国际日"活动的目的主要是为了在全世界树立和加强国际民航在各国社会和经济发展中重要性的认识，同时，强调国际民航组织在促进国际航空运输的安全、高效等方面所起到的作用。国际民航组织每年都确定不同的主题，在全世界范围内举行活动。

降低飞机噪声

飞机是一个很大的噪声源，发出的噪声类似白噪声频谱，是全频带噪声。飞机场的噪声影响程度取决于飞机的起降次数、时刻、强度、飞机噪声的频谱分布、持续时间、距离和传播途径等。因此降低飞机噪声是从源头解决机场噪声问题的方法，而且是最有效的方法。

飞机的噪声来源主要有发动机运行噪声和飞机机身在空气中飞行时气流摩擦的噪声。后一种噪声的降低难度比较大，因此降低飞机噪声主要是降低发动机噪声。随着工业的进步，飞机发动机噪声已经大幅度降低，飞机机身气流摩擦噪声已经占到了飞机噪声的很大比重。随着大型和巨型飞机的不断增加，机场噪声会因此而增大。

20世纪60年代到本世纪，美、英、法、德等国家通过技术革新，将飞机自身噪声降低了10~15分贝。目前，进一步降低飞机自身噪声面临着一定的困难。

　　飞机起降次数越多，噪声影响就越大。机场一般不希望把降低航班起降次数作为降低机场周围噪声的手段，但是机场可以调整飞机起降的时间。由于夜间飞机噪声对机场周围的居民影响很大，因此机场可以对夜间起降的航班次数进行控制。

　　世界上许多国际机场执行消音飞行程序，目的在于减少受飞机噪声影响的人数。目前所使用的消音飞行程序，归纳起来主要有以下几种手段。控制跑道使用，交替使用各条跑道起降飞机，避免集中干扰一个地区。现代飞机对起降时的侧向风不是特别敏感，这就意味着如果跑道选择可以减少噪声对居民的干扰，可以适当降低风向选择方面的要求。如，机场有两条主要跑道，重型飞机集中使用一条跑道；在起飞后和着陆前飞机进行转弯，避开居民密集区；使用多级进近飞行，尽可能地晚一些降低高度；起飞后快速爬升高度；隔离机场飞机维修试验场；不允许噪声超标的飞机起降。一般认为，起飞时飞机的噪声影响比着陆时要大，因此起飞消音飞行程序受到广泛关注。

　　利用隔声墙体、隔音窗等综合解决建筑隔声问题。隔音窗是机场周边地区住宅隔声的关键。机场噪声以低频噪声为主，而中高频噪声不显著，普通隔音窗隔绝中高频噪声效果好，由于共振低频音会产生隔声低谷，其频率特性与飞机噪声恰恰相反，这一点是值得注意的。普通隔音窗用于隔离交通噪声比较好，作为机场噪声治理，还要同时考虑噪声对人的烦恼度影响，确定的隔声指标应与感觉噪声级相适应。

对于建筑物围护墙体、屋顶可能存在的薄弱环节，需要根据不同的建筑物进行现场考察，发现可能存在的薄弱部位，并进行有效处理。对于像空调、通风口等一些漏声环节，需要根据其安装方式、位置进行合理分类、统计，提出相应的隔声设计方案。由于房间大小和房间内的吸声情况可能不同，因此，即使采用相同隔声性能的门窗，房间内的噪声情况也可能有很大差异，在进行门窗隔声处理时还需要考虑各种因素。

机场噪声控制是综合性的，不仅包含隔声降噪技术，还关系到机场建设、建筑设计、城市规划、政策法规、政府指导、经济条件等多方面因素，需要机场管理者、声学专家、建筑师、城市规划人员、法律顾问、政府官员、经济顾问共同参与、协调工作，联合解决这一关系到人们切身利益的问题。

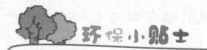
环保小贴士

20世纪70年代对加拿大蒙特利尔多瓦尔机场噪声的调查结果显示：噪声强度高于40分贝时，干扰家庭、医疗和文化活动；噪声强度高于45分贝时，干扰住宅楼、旅馆和学校内的活动；噪声强度高于55分贝时，干扰通信、商业活动和室内娱乐。考虑到一般建筑物可以降低20分贝的噪声，多瓦尔机场按75分贝、65分贝和60分贝在机场周围划分了三个噪声区，控制土地使用。

装修扰民

有一种噪声在生活中随处可见。中午午休时间或者晚上回家后，你想在家里睡一觉，看看电视，可是隔壁邻居家的噪声惊天动地，吵得人不得安生。一会儿哐当哐当砸墙，一会儿嘎吱嘎吱锯木头……装修发出的噪声，让人很痛苦，但也很无奈。

装修噪声会对人的健康会产生多大的影响呢？

据了解，平常人们说话大声点儿就可达60分贝，但是装修时电钻发出的噪声可达100至120分贝。噪声平均值超过65分贝就会让人感觉烦躁、注意力不集中、反应迟钝，严重影响正常的工作和学习，并会导致心血管疾病患者心律不齐；噪声平均值达到70至80分贝，就会严重影响人的内分泌系统和免疫系统。而且高分贝的噪声持续时间越长，对人的影响就越严重。如果长时间处于超过80分贝噪声的环境中，人的消化系统、代谢系统都会受到影响，表现为食欲不振、血脂升高等，孕妇长期处在这种环境中，则可能会影响胎儿的正常发育。

其实，装修噪声扰民也不是什么新鲜事了，据国内一门户网站调查显示，节假日"最不愿意遇到的事"中，36.2%的被调查者选择了"节假日小区里有人装修"，既然大家都觉得这是个不小的问题，可是为什么装修噪声扰民仍在继续，而且那么理直气壮呢？

普通百姓"噪声维权"意识不高，大多数对装修噪声持忍受的态度，顶多向物业发点儿牢骚。邻里之间因为装修噪声问题大动干戈诉诸法律的事情是很少发生的。而且噪声污染又不像那些看得见摸得着的环境污染，你说被污染就污染了？这样想想也就

忍了。殊不知正是这样从众忍让的态度，让装修噪声污染明目张胆日复一日地危害人们的健康。

我国的法律法规在装修噪声管理方面没有具体而明确的规定，所以在控制装修噪声污染方面执行起来就比较困难。《中华人民共和国环境噪声污染防治法》规定："在已竣工交付使用的住宅楼进行室内装修活动，应当限制作业时间，并采取其他有效措施，以减轻、避免对周围居民造成环境噪声污染。"可是对具体如何限制作业，却没有明确规定，以至于管理方无法可依，让装修噪声污染有机可乘。

北京市在贯彻《中华人民共和国环境噪声污染防治法》的实施办法里就明确规定：法定休息日、节假日全天及工作日12时至14时、18时至次日8时，禁止在已竣工交付使用的住宅楼内进行产生噪声的装修等扰民作业。在其他时段内作业的，应当采取噪声控制措施，减轻对周围居民的干扰。

和谐的小区环境是大家共同创造的，维护安静祥和的环境，一方面需要业主有良好的自觉意识，另一方面，也需要有关部门能够出台更加细致有效的措施，规范现有的小区装修行为，规范施工队伍文明作业，杜绝噪声扰民事件发生。

防治装修噪声污染，法规约束是一个方面。在很多时候，这类问题的解决更需要人们的相互理解和沟通，彼此的体谅和宽容，需要人们道德水平的提高。比如，装修的住户最好贴出"安民告示"，通报自家装修的时间，并且承诺不在休息时间施工；

被噪声侵扰者不妨进行善意的提醒。相信只要邻里之间进行良好的沟通，彼此之间的不愉快也会减少很多。

《中华人民共和国城市区域环境噪声标准》规定，居住、文教机关为主的区域以及乡村居住环境的等效噪声值白天为55分贝，夜间为45分贝；商业、工业混杂区的等效噪声值白天为60分贝，夜间为50分贝；城市中交通干线两侧的等效噪声值白天为70分贝，夜间不超过55分贝。

 # 家装减噪方法

当你高高兴兴地搬进新家时，是否考虑到了你家的隔音效果呢？屋里的声音会从各种缝隙传出室外，室外的各种噪声又会从各种缝隙传到室内，怎么才能更好地让室内的声音不打扰别人，又不受外界噪声太多的影响呢？这就要看你家的装修材料与装修水平了。不管怎样，隔音效果好已经成为现代装修选材时必须考虑的因素，不论是屋外的喧闹声，还是屋内的杂音，都要把它们消灭掉。那么隔音装修要怎么设计呢？

门窗使用中空玻璃。窗户是室外噪声进入室内最主要的途径，选择适合的玻璃，可以帮助我们很好地隔绝室外噪声。专家认为，最好是将临街的窗玻璃和落地门窗换成中空隔音玻璃，隔音效果可增强40％左右。当然，窗框也要改造。如果选择密闭性能好的塑钢门窗，室内施工时门窗周围完全封闭，可以使室内噪声降低三分之一。

如果噪声影响很大的话，还可以在靠马路一面的墙上做一道

木方或轻钢加纸面石膏板内填充吸音棉的夹层，粉刷油漆墙壁后，再用墙纸或者布艺装饰墙壁表面，隔音效果会很不错。

市场上塑钢门窗的质量参差不齐，价格差异也很大。开启方式也多种多样，除了传统的内外平开、推拉式和折叠式以外，还有内平开上悬门窗、推拉上悬门窗、推拉下悬门窗等。一般来说，横拉窗的隔音性能取决于两片窗之间以及窗与窗框之间的密合度，而推开窗则是取决于其关闭后窗与框的密合度，塑钢门窗一般采用胶条密封，比普通铝合金窗的隔音效果好。

房门一般朝内室，大多数家庭不太注重门的隔音效果。相对来说，门的隔音程度主要取决于门内芯的填充物。隔音效果较好的有内芯填充蜂窝状结构纸基的模压隔音门和内芯使用优质刨花板的门。实木门和实木复合门，越是密度高、重量沉、门板厚，隔音效果越好。购买时仔细看门和门套，安装时要找有经验的师傅。

墙壁粗糙可减少噪声。很多人都有一个误区，以为墙壁越光滑越好，其实，墙壁过于光滑，任何声音都会产生回响，会增加噪声。声音的传播在某些程度上和光的传播有些类似，不光滑的墙面能够很好地起到分散声音的效果，从而减少室内噪声的传播。所以在装修时，可以不用特意去追求墙面的光滑，选择壁纸类表面有纹路凹凸的材料，反而能更好地削弱噪声。

地面材料中，瓷砖最不隔音，强化复合木地板其次，两者都会发出较响的声音，尤其在夜间会让人感到不适。从舒适度和隔

音吸音功能来说，实木地板最好，最好是静音软木地板，它通过提高地板的弹性指数和静曲强度，使地板具有吸音隔音的功能。另外，使用木制家具也可以吸收噪声，因为木质纤维具有多孔性，能吸收噪声。

家用电器应选择静音产品。如果来自室外的噪声并不是很大，只是想改善室内的噪声环境，就不必大动干戈，通过一些比较简单易行的办法就能取得很好的效果。在地板上铺上地毯、在皮沙发上覆盖织物、在家具的底部都装上胶垫，选择没有弹簧的床垫和沙发，都可以在一定程度上减弱室内噪声。家用电器是家中主要的噪声来源，因此要注意选用有静音效果的家用电器。在选购空调、冰箱、洗衣机、吸油烟机时，最好把工作噪声的高低作为选择标准之一。

环保小贴士

家具在房间中是最自然的噪声吸收、扩散体，特别是木质家具效果最好，它的纤维具有多孔性的特征。不同木质的吸音效果不同，较松软的木质吸音效果更好，如松木。另外，不要摆放对声波反射太强的大玻璃柜、易振动的金属画以及轻质的摆设物陈列品，而且摆放书本或光碟时也要高低起伏、错落有致，才会增加反射面从而使噪声产生扩散作用。将书柜放置在与邻居家相邻的墙壁前，也可以适当阻隔邻居家传来的声响。

广场舞扰民

　　广场舞并不是指某一种舞蹈类型，通常是指健身舞、健身操、扇子舞，也可以是太极拳、太极剑等，因其多半在广场、街心公园、马路边空地等公共场所集体活动而得名。据统计，目前全国广场舞舞友过亿。每天早晚6点半至8点左右，在各种或欢快或悠扬的音乐声中，中国式的集体舞会开始在城镇的各个角落拉开序幕。

　　广场舞为什么会如此受欢迎呢？经调查后发现，不少中老年人感觉自已退休后生活单调，希望通过参加公众性活动多认识一些朋友，顺便达到锻炼身体的目的。由于广场舞简单好学、加入的门槛低、不需要花费太多费用，因此成为中老年人"老有所乐"的首选。

　　不少深受广场舞噪声困扰的居民们都有很多不满和抱怨。近几年来，因为广场舞噪声导致的各种纠纷、过激行为在全国各地均有发生。泼粪、扔弹珠、放狗咬，甚至有的跳舞者被气枪子

弹击中头部差点儿闹出人命，此类报道屡见不鲜。

舞者跳舞健身，舒缓疲劳，既属个人情趣，也体现时代风貌，本无可厚非；居民反对噪声，期盼安宁，既为生存诉求，也是公民的权利。广场舞变成"扰民舞"，折射出不同群体的利益纠结。跳舞健身与居民安居本不该是对立的关系，关键还是在于时间和音量的规范上。其实居民们反对的并不是广场舞，而是跳舞时的高分贝音乐。

如何解决广场舞扰民的困境呢？我们可以从以下几个方面着手：

建立健全相关的规定制度。环保部门应尽快出台城市公共区域文娱活动噪声规定的相关细则，场地管理部门则结合现场实际对广场的规范使用和时间选择予以公示，从制度上对广场舞活动加以约束和规范。

加强监督和执法，杜绝噪声污染。充分发挥协管巡查人员的现场监督作用，建立举报投诉机制，加大噪声执法的查处力度，对违反相关规定的由公安机关给予警告或罚款，居民区内则利用物业管理监督协调的职能，对广场舞活动进行管控，防止噪声污染。

加大公共文化设施的建设和投入，使得舞者有其所。广场舞噪声扰民纠纷，折射出当前我国城市公共设施不足的问题，政府部门应开辟更多的公共空地、文化广场供市民使用，同时对广场舞队采取划定区域等办法进行引导和管理。政府做好长期统筹规划，科学规划和合理布局城市公共空间，加大公共娱乐基础设施建设，对现有条件成熟的公共广场进行有效改造，增加开放空间，增设防噪声设施。

采取多种措施引导广场舞健康发展。由社区居委会牵头，推行广场舞组织备案机制，以文明公约的形式，倡导人们健康文娱，遵守公约规则，服从社区管理。

在广场和社区开展形式多样的防噪声宣传教育活动，提升人们的公德意识，引导广场舞健康发展。相关部门既要大力加强对广场舞参与者的噪声污染教育，引导他们树立尊重他人、自

我控制的自律和公德意识，还要侧重在时间的选择、音量的控制、地点的规范上下功夫，做好对广场舞参与者的引导和管理。

广场舞噪声扰民的问题其实是一个自己获得快乐的同时也要尊重他人权益的问题。希望广场舞的组织者和参与者都能够多一些公德意识，合理控制音量，尽量避免噪声扰民，在自身尽情享受健身权利的同时尊重他人的合法权益。

 环保小贴士

　　在纽约，如果你想在公共场所使用扩音设备，例如收音机、电视机、乐器等，就必须从警方那里获得许可。你可以在纽约警察局的网站上下载许可申请，完成了许可申请后，需要提交给举行活动区域的管理人员。一般来说，声音许可证的费用为45美元。

噪声病

　　噪声是指各种不同频率、不同强度的声音杂乱无章地混合，可使人感到心烦意乱、难以安心工作和休息的声音。在某种情况下，即使是娓娓动听的音乐也可能会成为一种不受欢迎的声音，所以凡是人们不需要的，对人们的生活、工作和学习起干扰作用的声音都称为噪声。

　　噪声病是指人体由于长期接触高强度噪声，不仅使听觉器官受损，还伴有听觉外系统反应的全身性疾病。长期接触高强度的噪声，不仅会使人的听觉器官受损，同时对中枢神经系统、心血管系统、内分泌系统及消化系统等均有不同程度的影响。目前有很多人因噪声超标而引发各种疾病，如神经衰弱、焦虑、失眠等。噪声的特异性作用，主要是引起听觉系统的损伤；噪声的非特异性作用，则表现为对听觉外系统的影响。因而噪声病是以听觉系统受损为主并伴有听觉外系统反应的全身性疾病。其症状和体征的产生与噪声的强度、频率、接触时间以及个体对噪声的易

感性有关。

噪声对听觉系统的损害，主要表现为听阈升高，听觉敏感度下降。噪声性听力受损，起病缓慢，先由生理性反应，渐进至病理性损伤。听力损伤初期除多有耳鸣外，一般主观症状不是很明显，多在体检时发现听力曲线在3000~6000赫兹处的高频段出现"V"形下陷。听力损伤进一步发展，"V"形下陷增大变宽，听力曲线从低频到高频，呈斜坡形下降，气导、骨导听力均有减退，多为两侧对称性耳聋，一般相差不大于10分贝，在某种特殊接触条件下可出现单侧性耳聋。

生理性听力反应过程为：1.听觉适应：短时间接触噪声后，主观感觉耳鸣、听力下降，检查发现听阈可提高10分贝以上，离开噪声环境数分钟后，即可恢复；2.听觉疲劳：较长时间停留在强噪声环境中，听力明显下降，听阈提高超过15分贝甚至30分贝以上，离开噪声环境需较长时间才能恢复听力，称暂时性听阈位移，属功能性变化。如继续接触噪声，生理性听力反应可发展为病理性永久性听力损害。先出现听远距离低声讲话有困难，后发展到听近距离大声讲话也模糊不清。当听力下降发展到影响语言频段时，主观感觉语言听力明显下降，日常语言交往听觉障碍，听力检查语言频段听力下降在25分贝以上时，即为噪声性耳聋。

噪声对听觉外系统的影响是可引起人体心理和生理性的反应和变化。人在噪声环境中，会感到心情烦躁，注意力不易集中，

反应迟钝，工作效率下降。接触噪声后，会出现头晕、头痛、耳鸣、心悸及睡眠不良等神经衰弱综合征。调查发现，接触高强度噪声的工人表现为易疲劳、易激怒。脑电图检查显示 α 节律减少或消失，β 节律增加。噪声对心血管系统的反应主要表现为血压和心率的改变，许多研究报道的结果虽然不一致，但多数认为长期接触噪声可使血压升高，常以舒张压升高为主。

噪声对心率的影响主要表现在，单一的噪声作用使脉率减慢，若噪声与全身振动联合作用，则脉率加快。接触噪声者心电

图检查可发现ST段和T波呈现缺血性改变，还可出现窦性心律不齐、心动过速等。消化系统对噪声的反应，可出现胃液分泌减少、胃肠蠕动减慢、食欲减退，人变消瘦。噪声环境中作业的工人胃溃疡患病率较高，多有胃肠功能紊乱的表现。噪声对内分泌系统和免疫系统的作用，常表现为人体血液中的儿茶酚胺分泌量增加。

近年来有许多研究发现，接触噪声的同时又接触有机溶剂的蒸气，或者有吸烟等不良生活方式，可加重对听觉系统的慢性损伤。

一般认为，听力损失在10分贝以内，属正常情况。听力损失在30分贝以内，和人说话还不困难，叫轻度耳聋。听力损失在60分贝以内，听力障碍就比较明显了，叫中度噪声性耳聋。听力损失在60分贝以上，就听不到普通的讲话声。听力损失达80分贝，就完全丧失了听觉能力，即使在耳边大声说话也毫无感觉。

家电噪声潜入家中

　　工地上的大型机械发出"轰隆隆"的噪声，马路上一辆大卡车"呼"的一声飞驰而过，不知是哪位司机一直不停地按喇叭，小汽车"滴——滴——滴"叫个不停。赶快远离这些恼人的声音回家吧，可是家里就真的安静吗？家中有哪些常见的噪声呢？

　　日常生活中，家家户户都有许多家用电器，噪声就这样伴随着这些家用电器悄无声息地潜入了我们的家中。洗衣机、电视机、冰箱等等，这些常用的家用电器都会制造出噪声。据测定，电视机、收录机所产生的噪声可达60至80分贝，洗衣机为42至70分贝，电冰箱为34至50分贝。在家电噪声中，危害最严重的要数带功放的组合音响，它的高频噪声一般都超过2000赫兹。这种强噪声对内耳的损伤极大，人耳连续接触6小时以上，就有造成听力损伤的危险，而且这种强噪声还严重危及人的视力。研究证明，在强噪声刺激后，人的视力清晰度要恢复到正常的状

态，通常需要1~2个小时。

室外噪声我们可以用隔音窗户拦在外面，那么室内噪声该如何避免呢？其实，我们只要注意日常生活中的一些细节，还是可以给家里降噪的！

装修时要注意进户门和室内门的选择，应选择质量较好的防火隔音门，它可以隔离掉30分贝左右的噪声。有老人和孩子的家庭，在装修时应该注意室内门的隔音效果，减少家人在生活上的互相影响。地面使用实木地板的隔音效果要好一些，如果楼板隔音效果太差，在铺装地砖时应该采用地面浮筑隔音工艺，可以大大降低楼板传声。另外，铺装地毯也可以降低噪声。90%的室外噪声是从门窗传进室内的，选择效果好的隔音窗，也是一个好办法。现在比较流行的方法是选用中空双层玻璃窗和塑钢平开密封窗，可以隔离70%~80%的噪声，而普通的铝合金单层玻璃窗只能隔离30%~40%的噪声。

许多家庭都被冰箱的噪声困扰着，当冰箱启动或停机时会发出"咚"的一声，其实这是冰箱水平位置不正引起的。冰箱水平位置不正，容易导致压缩机内部弹簧不平衡，从而发出声响。我们可以调整冰箱底部，在冰箱下面加垫胶皮垫等，使冰箱达到平衡状态。

洗衣机是一种短时间工作的电器，相对于长时间工作的家电来讲，噪声会略大一些，但是如果在正常使用寿命范围之内正确使用仍发出异样噪声就需要警惕了。洗衣机产生异样噪声有两种

情况：其一，与洗衣量有关，一次性洗涤的衣物过少，洗衣机无法达到平衡状态，产生的噪声就会加大，因此洗涤衣物要适量；其二，洗衣机在使用前要加足水，水太少了噪声也会很大，而且这样也会更加费电，还不利于洗衣机的保养。

空调噪声分为室内机噪声和室外机噪声两种。室内机噪声主要是由四种情况导致的：空调室内机过滤网有灰尘、异物堵塞，风道循环受阻产生噪声；风轮轴承座润滑油干枯或有异物造成风轮运转不顺畅，摩擦产生噪声；室内机制热时塑料件热胀冷缩产生噪声；导风条支撑座润滑油干枯或有异物造成导风条运转不顺

畅，摩擦产生噪声。维护的方法有两种：其一，可根据使用环境的洁净度情况，定期对空调室内机过滤网进行拆卸清洗。其二，添加润滑油维护，这需要找维修网点的专业维修人员上门处理。

当我们选购家用电器时，除了考虑家用电器的外观、能耗和性能，噪声大小也应该考虑进去，不然也是后患无穷的。在使用家用电器的时候一定要科学合理，比如电视机音量不要开得太大等等。一些旧家电由于内部零件的老化，以及灰尘的影响，也会有很大的噪声，此类家电不仅费电，也会存在一些安全隐患，应及时维修或更换。

回到家中还要受到家电噪声的骚扰，的确不利于我们的身体健康，我们不能完全避免家电噪声，但是我们可以把家电噪声的危害尽量降低。

环保小贴士

降低家电噪声还可采取以下几个方面的措施：分开摆放，尽量不要将家用电器集于一室，声压级过高的不要放在卧室里；及时排除故障，带病工作的家用电器的噪声比正常工作的声音大得多，所以一旦发生故障，一定要及时排除；错开使用，尽量避免各种家用电器同时使用；在室内养一些花草可以消除部分噪声。

让噪声为人类服务

噪声污染是一种社会公害，已经引起人们的共同关注。人们在采取种种措施防治噪声污染的同时，也可以转换思维化害为利，利用噪声为人类服务。

噪声应用于农业。有人做了对西红柿植株施放高强噪声(100分贝以上)的实验，发现西红柿植株根、茎、叶表皮的小孔都扩张了，从而更容易把喷洒的营养物和肥料吸收到体内，使得西红柿结出的果实不仅数量多，个头也大。之后，人们对水稻、大豆也做了相同的实验，都获得了成功。美国、日本、英国和德国的研究人员，针对不同的杂草制造出了不同的"噪声除草器"，它们发出的各种噪声可以诱发杂草速生，这样，在农作物还没有生长前，就可以先把杂草除掉。利用强烈的噪声高速冲击食品时，不但能使食物保持干燥，而且其营养成分也不会受到损失。高强度的噪声还具有巨大的声能量，是人类将来可以开发和利用的新能源。

　　利用噪声制冷是一项利用微弱的声振动实现制冷的新技术，第一台样机已经在美国试制成功。在一个结构异常简单，直径不足1米的圆筒里叠放着几片起传热作用的玻璃纤维板，筒内充满氦气或其他气体，筒的一端封死，另一端用有弹性的隔膜密闭，隔膜上的一根导线与磁铁式音圈连接，形成一个微传声器，声波作用于隔膜，引起隔膜的来回振动，进而改变筒内气体的压力。由于气体压缩时变热，膨胀时冷却，这样制冷就开始了。不难设想，今后的住宅、厂房等建筑物如果能将这一技术因素考虑进去，既可一举降伏噪声这一无形的祸害，还能为住宅、厂房等建筑物降温。

　　利用噪声可以抑制癌细胞的生长速度。德国科学家通过实验发现，在噪声环境中癌细胞的生长速度会减慢，这一发现可能会

为治疗癌症开辟一条新的途径。佛莱堡医学院肿瘤科在海德堡音乐疗法研究中心的配合下，成功地进行了这方面的初步实验。科学家们将实验皿中培养的肺癌细胞置于微型扬声器发出一定规律声音的环境中，结果发现，癌细胞的生长速度比正常条件下慢了20%。为了验证实验的可靠性，科学家们还让扬声器不发出声音而只是借助其磁场，对另一组实验皿中的癌细胞进行影响，实验表明，这一组癌细胞的生长速度并没有减慢。通过实验科学家们还发现，能抑制癌细胞生长速度的并不是音乐本身，而是"拥有一定音色、音量、速度、声脉冲和时间间隔的普通声音"。德国的科学家也在考虑进行利用可控声音刺激法抑制肿瘤细胞生长的大规模实验，以进一步验证这一发现的可靠性及可利用的价值。

利用噪声测量温度。美国科学家发明了一种新型的温度计，能够利用噪声测量温度。发表在《科学》杂志上的这份研究报告称，这种仪器能够在室温到-272.15℃之间进行准确测量。耶鲁大学的研究人员用中间隔有一段氧化铝的两层铝制成了这种温度计。对仪器施以电压，产生的电子穿过中间的隔层，从而形成了电流。电压磁场和噪声量之间的关系，或者说磁差，在电流中是根据温度改变的。因此，只要知道所加的电压，这个被称为噪声温度计的仪器就能够测出温度。研究人员说，噪声温度计在-272.15℃时能精确到千分之一，精确度是用于测量接近绝对零度的温度计的5倍。这个新设计最大的优势在于，它是一个原始温度计，不需要外部校准。这是因为电压、噪声和温度之间的

关系只依赖于最基本的物理恒量。此外，这个仪器的准确测温范围还比其他温度计大得多。因此，噪声温度计可能比现在常用的直接温度计有着更广泛的用途。

未来，我们可以尝试更多"变废为宝"的方法，将噪声利用起来为人类服务，做更多有益于人类生产和生活的事情。

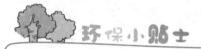

科学家发现，不同的植物对不同的噪声敏感程度不一样。根据这个原理，人们制造出了噪声除草器。这种噪声除草器发出的噪声能使杂草的种子提前萌发，这样就可以在作物生长之前除掉杂草，用"欲擒故纵"的妙策，保证作物的顺利生长。

鲸鱼也被吵烦了

　　在人们以往的想象中，深海或海底应该是安详、寂静的。然而，现实与想象存在着不小的差距。深海或海底远非想象中那般宁静，也许会如闹市区一样喧哗。随着人类对海洋资源的开发，船只螺旋桨的不断搅动，石油和天然气开采工程对海底的不断敲击，以及军事演习或训练造成的水下喧闹声等，让很多海洋生物，特别是海洋哺乳动物深受其害。

　　鲸鱼仿佛是海洋中最为自由自在的舞者，用或明快或深沉的舞步在蓝色的世界里快乐地生活着。然而近些年来，鲸鱼结队冲上沙滩搁浅的消息不时见诸媒体。例如，160头虎鲸曾在澳大利亚西海岸的海滩上搁浅，39头巨头鲸曾在位于新西兰南岛西北端的费尔韦尔沙咀海滩集体搁浅后死亡。

　　人们在为鲸鱼惨死扼腕叹息的同时，也对鲸鱼这种不合常理的古怪行为感到困惑不解。对于鲸鱼搁浅的原因，可谓是众说纷纭。传统观点认为，鲸鱼在追捕食物时，无意中陷入了海岸上的

沙滩导致搁浅。近年来，随着科研工作的不断深入，人们又得出很多不同的结论。有"中毒说""受惊说"，甚至有"太阳黑子说"等。不过，许多科学家认为，这一现象与人类活动有关。一些科学研究也显示，鲸鱼搁浅事件与人类制造的噪声密切相关。

　　北大西洋露脊鲸生活在北美洲东岸从加拿大新斯科舍省到美国佛罗里达州一带的海域，是世界上最濒危的大型动物之一。斯特勒威根国家级海洋保护区是北大西洋露脊鲸的重要栖息地，同时也是航线密集区。时间较近的一次调查显示，北大西洋露脊鲸种群数量仅有350到550头左右。

船只的噪声对露脊鲸的影响到底有多大？2007年到2010年间，科学家们对此进行了一项研究。他们用水听器在水中组成阵列，测量海洋背景噪声水平和船只航行时噪声的大小，并记录几种濒危须鲸所发出的声音，其中包括露脊鲸用于相互联系的特殊叫声。当科学家把目前商业船只的噪声水平和近半个世纪前的数据进行比较时，他们惊讶地发现在保护区及其附近水域中，露脊鲸失去了约63%~67%的通信空间。研究表明，仅一艘船产生的噪声就足以屏蔽附近一头露脊鲸的通信，使同类听不到其发出的声音，而与四五十年前相比，如今波士顿沿海海域中全部船只的噪声总量，使所有生活在这个海域的露脊鲸交流都变得十分困难，大部分时间都听不见对方的声音。

海军的反潜声呐系统发出的强烈的声脉冲，导致了好几起大规模的鲸鱼搁浅事件；石油公司船上那些为了探测海底石油使用的空气枪发出巨大的噪声，几百千米外都能听得到；更不用提那些海底工程建设，打桩和爆破时发出的噪声了。20世纪60年代以来，海洋运输业剧增，使得很多海域的噪声成百倍地增长。我们在不断地制造更多噪声的同时，也使海水吸收声音的功能降低了。因为化石燃料燃烧产生的二氧化碳渗透进了海洋并酸化了海水，使得海水能吸收的声音变少了。最终，使得海洋噪声破坏了海洋生物的生存环境。很多种类的鲸鱼、海豚以及其他一些海洋动物的生活习性都受到了一定程度的影响。

多年来，科学家和环保人士们一直呼吁为海洋生物创造更为

安静的环境。最近，总部位于伦敦的国际海事组织倡导的一项新规则开始执行。内容包括"让船只变得更加安静"的规则，尤其针对产生最多噪声的螺旋桨。虽然此项规则不具有强制性，但是它标志着人类在努力降低海洋噪声的道路上又迈出了一步。人类应该还海洋生物一个宁静祥和的家园。

环保小贴士

　　面对噪声，鲸鱼也能"掩耳朵"。齿鲸类发达的声呐系统使得它们能在黑暗浑浊的水中畅通无阻，然而在噪声比较严重的环境中，敏感的听觉反而可能会成为它们的负担。最近研究人员发现鲸类如果在噪声发生前得到预警，它们可能会通过降低听觉系统的灵敏度来保护它们的耳朵。

 # "胆小" 的鸟儿

2011年年初，美国阿肯色州上千只鸟儿死亡，当时一些人很惊慌，甚至有人认为这是末日来临的前兆。不久后科学家们表示，这些鸟儿可能是被烟花惊吓到了，以至于不能在夜间正常看东西，之后这些鸟儿撞上了房屋或其他建筑物而死去。

科学家们用了三年时间，在荷兰用气象监视雷达跟踪被烟花惊扰的鸟儿。研究者发现，数千只鸟儿在午夜后不久飞上天，直至45分钟之后才平静下来。科学家们估计，仅在荷兰一地，每年被烟花干扰的鸟类就有成千上万只。烟花的噪声和闪光可能会影响很多动物。

通常情况下，鸟类不会像阿肯色州那起事件中那样由于燃放烟花而死亡，但是它们还是会遇到其他麻烦，比如睡眠、摄食受到干扰，以及由于频繁飞起和落地而造成的大量体力消耗。看来，"胆小"的鸟儿们的死亡，并不意味着世界末日的来临，而很可能是燃放烟花的噪声给它们带来了灭顶之灾。

　　鸟儿被烟花惊吓事小，如果鸟妈妈们连幼鸟都不顾了，那么影响可就大了。研究显示，在嘈杂地方筑巢的鸟类与在安静地方安家的鸟类相比，往往更容易抛弃它们的幼鸟。

　　英国的科学家对位于北德文郡海岸19千米外的伦迪岛进行了研究。据研究人员回忆，他第一次来到岛上，由于小岛位置偏远，岛上非常静谧，偶尔会有一些海鸥声传来。而在仓谷里虽然发电机的噪声很大，但仍然有家麻雀在里面筑巢，研究人员开始思考鸟类的居住环境是否会对它们产生影响。

研究人员发现在嘈杂的区域里，巢穴里鸟类的繁殖量减少，于是研究人员决定就此现象来验证关于环境影响鸟类的一些假设，主要假设是环境影响了鸟类的择偶从而影响了繁殖量。然而研究的结果并不符合这个假设。基于观测，研究人员提出了一个新的想法：噪声影响了家麻雀成鸟与幼鸟之间的沟通，成鸟不喂食幼鸟，幼鸟因为没有了食物的供应最终死亡，所以总量减少。在嘈杂的谷仓里饲养的幼鸟成年后的体重都相对比较轻，研究者认为成年雌鸟的喂养行为是造成繁殖量减少的一个因素。

为了生存和繁殖，鸟儿需要互相传递信号。鸟类的鸣叫用途很多，比如识别其他同类成员、吸引配偶以及保护领地等。现在看来，由于城市的发展噪声污染不断加重，鸟儿想在城市地区传递信息可能会遇到一些麻烦。在2007年，英国的一些研究人员经研究认为，在城市安家的鸟儿为了避免白天的噪声而选择在晚上进行沟通，而在那之前人们曾认为鸟类晚上唱歌是由于它们受到了光污染的影响。

20世纪70年代中期到2008年之间，英国的家麻雀数量下降了71％，在城镇和城市中的下降幅度最大。研究人员认为，伦迪岛上发电机噪声的影响类似城市中汽车噪声的影响，在这之前关于大山雀与城市噪声关系的许多研究和分析往往都在关注噪声对鸟类择偶的影响，而忽略了城市噪声会打断幼鸟与它们父母之间的沟通这一因素。由此研究人员推断，其他鸣禽物种可能也会像家麻雀一样受到噪声的影响，因为许多鸣禽都是以类似的方式

进行沟通交流的。

　　如此看来，无论是人类还是动物都需要一个安静、舒适的生存环境，只有在这样的环境中才能保证机体的健康，生活才会变得更加和谐而美好。

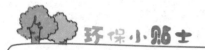

环保小贴士

　　科学家们发现，在吵闹的地区鸟儿倾向于以更高的音调鸣叫，因为城市噪声能够盖住低音调的声音。然而在有很多建筑物且有很多能反射和扭曲高音调声音的地区，鸟儿则常常用较低的音调鸣叫。但是需要同时应付噪声和建筑物问题的鸟儿就很难办了，如果找不出应对办法，它们可能就会有麻烦——无法利用叫声交流和传递信息。

植物也怕吵

越来越多的研究显示，鸟类和其他动物会根据人类的噪声，如交通的喧闹声或机器的轰鸣声改变自己的生活习性。但人类的噪声不仅仅对动物有影响。最近的一项研究发现，由于许多动物会给植物授粉、以植物为食或传播种子，因此人类的噪声也会对植物产生影响。当然，噪声对植物的影响并不是一种直接行为，

因为噪声会改变一些动物的某些行为，从而间接地影响到植物的生长和繁殖。

为了找出两者的联系，研究人员于2005年开始，在美国新墨西哥州西北部的响尾蛇峡谷野生动物区进行了一系列的实验。该地区有数千个天然气井，许多井旁配有嘈杂的压缩机，用于抽提天然气并将天然气顺着管道传输出去，这些压缩机一年到头没日没夜地咆哮轰鸣。通过长达7年的研究，人们发现噪声改变了当地桧木和矮松树的分布范围。越靠近天然气井的地方，矮松树越少，也就是说，噪声对矮松树繁育的影响是负面的；然而，桧木的分布却与之相反，噪声越大的地方，桧木越多。

噪声为何可以影响到植物的分布范围呢？难道是因为植物怕吵吗？

这就要从研究人员的实验说起。研究人员首先在数块土地上栽培了人造植物，这些植物看起来像是该地区常见的一种红色野花吉利草。每块土地有5株人造植物，每株植物上有3朵用红色电工胶带缠绕在微量离心管上制成的假花，离心管上还盛有一定数量的花蜜。为了帮助这些土地上的植物传授花粉，研究人员还在每块土地的植物表面撒上了颜色不同的人造花粉。将授粉动物到吵闹和安静的土地的次数对比后，研究人员发现，黑颏北蜂鸟到吵闹的土地去的次数要比去安静的土地多出5倍。这是因为，另外一种捕食黑颏北蜂鸟雏鸟的鸟类西部丛林松鸦倾向于远离吵闹的地方。另一方面，在嘈杂的地区，花粉的传授也更加普遍。

如果蜂鸟的频繁来访促使更多的花粉传播，意味着植物的种子产量会更多，那么靠蜂鸟授粉的植物，如吉利草就会间接地从噪声中受益。

研究人员的另一项实验还证明了噪声可能会对某些植物产生间接的益处，但是对其他植物来说，噪声带来的只有坏处没有益处。

西部丛林松鸦的主要食物之一是矮松树的松子，它们有在地上挖坑埋藏松子的习惯，在食物匮乏的时候就找到埋藏松籽的

地方，挖出这些松子来享用。而那些被遗忘的松子，就会在春暖花开的时候发育成小树苗。西部丛林松鸦喜欢清静的地方，那些噪声大的地方，它们就很少过去。即使偶尔过去觅食，也只是填饱肚子后就离开，不会就地埋藏松子，反而会叼一些食物回到安静的地方去埋藏。矮松树的松球掉在地上后，绝大部分松子不会立即从松球中脱落出来，等松球腐败之后，其中的松子也就腐烂了，失去了生根发芽的可能性。因此，矮松树的播种主要依赖于西部丛林松鸦的藏食行为，西部丛林松鸦不在噪声大的区域藏食，结果这些区域的矮松树越来越少。

噪声虽然对矮松树不利，但对桧木来说却是有利的。因为黑颏北蜂鸟对西部丛林松鸦是能躲则躲，它们只能尽量躲开西部丛林松鸦的活动区域，忍受着噪声在西部丛林松鸦很少出现的噪声区活动。同样是鸟类，难道那些黑颏北蜂鸟就不怕噪声吗？虽然

黑颏北蜂鸟也怕噪声，但与西部丛林松鸦的威胁相比，噪声的威胁就小得多了。桧木主要依靠黑颏北蜂鸟授粉而结籽，而桧木的种子在成熟之后，会掉落在地上生根发芽。结果，噪声区里的桧木就会因黑颏北蜂鸟的存在而数量不断增多。

　　现在你明白这其中的道理了吧？看来，植物生长也会受到噪声的间接影响。地球上的各种生物相互依存并相互影响，任何环境污染对生态的影响都不可能是单一的。每个人都有责任和义务保护环境，保护所有生物共同生活的家园。

环保小贴士

　　积极绿化造林，能有效地减轻噪声污染，原因是植物具有降低噪声的作用。一般认为，分枝低、树冠低的乔木比分枝高、树冠高的乔木降低噪声的作用大；树冠密、叶面大的乔木吸音效果好。城市住宅区，可种一排茂密的灌木，其后再种一排高大的乔木，以此来隔离马路上的汽车噪声，占地不多而且隔音效果好。

次声波

次声波又称亚声波，是一种频率低于人的可听声波频率范围的声波。次声波的频率小于20赫兹。

次声波产生的声源是相当广泛的，现在人们已经知道的次声源有：火山爆发、坠入大气层中的流星、极光、地震、海啸、台风、雷暴、龙卷风、电离层扰动等等。利用人工的方法也能产生次声波，例如核爆炸、火箭发射、化学爆炸等等。

由于次声波的频率很低，因而它显示出了种种奇特的性质。其中，最显著的特点是来源广，传播的距离远，而且不容易被吸收。

我们知道，声音在大气层中的衰减，主要是由分子吸收、热传导和黏滞效应所引起的，相应的吸收系数与声波频率的二次方成正比。由于次声波的频率很低，所以在传播过程中大气对它的吸收系数很小。例如，空气对频率为0.1赫兹的次声波的吸收系数大约是对频率为1000赫兹的声波吸收系数的一亿分之一。

由于次声波不容易被吸收，所以它的传播距离就很远。1883年8月27日著名的喀拉喀托火山爆发时，它所产生的次声波围绕地球转了三圈，传播了十几万千米，历时108小时。次声波不但"跑"得远，而且它的速度大于风暴传播的速度，所以它就成了海洋风暴来临的前奏曲，人们可以利用次声波来预报风暴的来临。

从20世纪50年代起，核武器的发展对次声学的建立起了很大的推动作用，使得对次声接收、抗干扰方法、定位技术、信号处理和传播等方面的研究都有了很大的发展，次声波的应用也逐渐引起人们的重视。

其实，次声波的应用前景十分广阔，大致有以下几个方面：

通过研究自然现象所产生的次声波的特性和产生的机理，更深入地研究和认识这些自然现象的特征与规律。例如，利用极光所产生的次声波，可以研究极光活动的规律。

预测灾害性自然现象。许多灾害性的自然现象，如火山爆发、龙卷风、雷暴、台风等，在发生之前可能会辐射出次声波，人们就有可能利用这些前兆现象来预测和预报这些灾害性自然现象的发生。例如，台风和海浪摩擦产生的次声波，由于它的传播速度远快于台风的移动速度，因此，人们利用一种仪器来监测风暴发出的次声波，即可在风暴到来之前发出警报。利用类似方法，也可预报火山爆发、雷暴等自然灾害。

次声波在大气层中传播时，很容易受到大气介质的影响，它与大气层中的风和温度分布等因素有着密切联系。因此，可以通过测定自然或人工产生的次声波在大气中的传播特性，探测出某些大规模气象的性质和规律。这种方法的优点在于可以对大范围大气进行连续不断地探测和监视。通过测定次声波与大气中其他波动的相互作用的结果，探测这些活动特性。例如，在电离层中次声波的作用使电波传播受到行进性干扰，可以通过测定次声波的特性，进一步揭示电离层扰动的规律。

人和其他生物不仅能够对次声波产生某些反应，而且某些器官也会发出微弱的次声波。因此，可以利用测定这些次声波的特性来了解人体或其他生物相应器官的活动情况。

次声波在军事上的应用。利用次声波的强穿透性可以制造出能穿透坦克、装甲车的武器，次声武器具有良好的隐蔽性、作用距离远、穿透力强、无污染等优点。

　　由于次声波具有极强的穿透力，因此，国际海难救助组织就在一些远离大陆的岛上建立起"次声定位站"，一旦船只或飞机失事坠海，可以迅速测定方位，进行救助。看来，次声波也可以用来为人类服务。

声波之过

　　1890年6月的一天，风和日丽。新西兰西部的达尼丁港熙熙攘攘，人们正在为将要远航的"马尔波罗"号送行。由于当时还未开通巴拿马运河，"马尔波罗"号的计划航线是从新西兰出发东渡太平洋，绕过南美洲最南端的合恩角，再向北穿越大西洋到达目的地英国。然而，在大约离太平洋、大西洋交汇处的合恩角还有两天航程的时候，"马尔波罗"号却遭遇了神秘"杀手"，整艘船失踪了。

　　20年后，人们在火地岛海岸边发现了它。奇怪的是船上的一切都原封未动，完好如初。船长航海日记上的字迹仍然依稀可辨；就连那些已经死亡多年的海员，也都"各在其位"，保持着当年在岗位上时的"姿势"。

　　"马尔波罗"号诡异事件，引起了科学家们的普遍关注，其中不少人对海员的遇难原因进行了长期研究。海员们是怎么死的？他们是死于天火或是雷击吗？不是，因为船上没有丝毫燃烧

的痕迹。死于海盗的刀下？不！遇难者的遗骸上看不到打斗的迹象。死于饥饿干渴？也不是！船上当时贮存着足够多的食物和淡水。到底是自杀还是他杀？死因何在？凶手是谁？在所有遇难者的身上，都没有找到任何伤痕，也不存在中毒的迹象。显然，谋杀或者自杀之说不成立。那么，会不会是因为心脑血管疾病的突然发作而死的呢？法医的解剖报告表明，死者生前个个都很健壮。经过反复调查，最后人们终于弄清了谁是制造上述惨案的"凶手"，它是一种为人们所不了解的次声波。

次声波是一种每秒钟振动数很少，人耳听不到的声波。次声的声波频率很低，一般均在20赫兹以下，波长却很长，传播距离也很远，它比一般的声波、光波和无线电波传得都要远。例如，频率低于1赫的次声波，可以传到几千以至上万千米以外的地方。1960年，南美洲的智利发生了大地震，地震时产生的次声波几乎传遍了全世界的每一个角落。1961年，在北极圈内的一次核爆炸，产生的次声波竟绕地球转了五圈之后才消失！

次声波具有极强的穿透力，不仅可以穿透大气、海水、土壤，而且还能穿透坚固的钢筋水泥构成的建筑物，甚至能穿透坦克、军舰、潜艇和飞机，人自然不在话下。次声波穿透人体时，不仅会使人感到头晕、烦躁、耳鸣、恶心、心悸、视物模糊，甚至会感到吞咽困难、胃痛、肝功能失调、四肢麻木，而且还有可能会破坏大脑神经系统，造成脑组织的严重损伤。次声波对心脏的影响最为严重，最终会导致人死亡。

为什么次声波能置人于死地呢？

原来，人体内脏固有的振动频率和次声波的频率相近似，倘若外来的次声波频率与人体内脏的振动频率相似或相同，就会引起人体内脏的"共振"，从而使人产生头晕、烦躁、耳鸣、恶心等一系列症状。特别是当人的腹腔、胸腔等固有的振动频率与外来的次声波频率一致时，更易引起人体内脏的共振，使人体内脏受损而丧命。原来，"马尔波罗"号并不是无缘无故地失踪了，而是遭遇了海上风暴，而风暴与海浪长时间摩擦产生了次声波。

海员们就是被可怕的次声波所"杀"。

在自然界和人类活动中广泛存在着次声波，人们正是通过次声波引发的破坏现象逐步认识它的。次声波虽然无形，但它却时刻在产生并威胁着人类的安全。在自然界，太阳磁暴、海峡咆哮、雷鸣电闪、气压突变；在工厂，机械的撞击、摩擦；军事上的原子弹、氢弹爆炸试验等等，都可以产生次声波。然而，充分利用次声波的特性也是可以为人类服务的。

环保小贴士

　　一些国家利用次声波的特性，致力于打造次声波武器——次声炸弹。尽管眼下尚处于研制阶段，但科学家们预言，只要次声炸弹一爆炸，瞬息之间，在方圆十几千米的地面上，所有的人都将丧命，无一幸免。人即使躲到防空洞或钻进坦克的"肚子"里，也还是一样难逃厄运。次声炸弹和中子弹一样，只杀伤生物而无损于建筑物。但两者相比，次声炸弹的杀伤力远比中子弹强大得多。

超声波用处多

　　超声波因其频率下限大约等于人的听觉上限而得名。超声波是一种频率高于20000赫兹的声波，它的方向性好，穿透能力强，易于获得较集中的声能，在水中传播距离远，可用于测距、测速、清洗、焊接、碎石、杀菌消毒等，在医学、军事、工业、农业上均有很多用途。超声波有两个特点，一个是能量大，一个是沿直线传播，对它的应用就是依据这两个特点展开的。

　　理论研究表明，在振幅相同的情况下，一个物体振动的能量跟振动频率的二次方成正比。超声波在介质中传播时，介质质点振动的频率很高，因而能量很大。在我国北方干燥的冬季，如果把超声波通入水罐中，剧烈的振动会使罐中的水破碎成许多小雾滴，再用小风扇把雾滴吹入室内，就可以增加室内空气的湿度，这就是超声波加湿器的原理。对于咽喉炎、气管炎等疾病，药力很难达到患病的部位，利用加湿器的原理，把药液雾化，让病人吸入，能够增强疗效。

俗话说"隔墙有耳",这说明声波能够绕过障碍物。但是，波长越短这种绕射现象越不明显，因此，超声波基本上是沿直线传播的，可以定向发射。如果渔船载有水下超声波发生器，它旋转着向各个方向发射超声波，超声波遇到鱼群后会反射回来，渔船探测到反射波就知道鱼群所在的位置了，这就是声呐技术。声呐也可以用来探测水中的暗礁、敌人的潜艇，测量海水的深度等。根据同样的原理也可以用超声波探测金属、陶瓷混凝土制品，甚至可以用来检查水库大坝内部是否有气泡、空洞和裂纹等。

医学上超声波检查的工作原理与声呐有一定的相似性，即将超声波发射到人体内，当它在体内遇到界面时会发生反射及折射，并且在人体组织中可能被吸收而衰减。因为人体各种组织的形态与结构是不同的，因此其反射与折射以及吸收超声波的程度也就不同，医生们正是通过仪器所反映出的波形、曲线或影像的特征来辨别它们，此外再结合解剖学知识，便可以诊断所检查的器官是否正常。超声波还可以击碎人体内的结石，超声波碎石这项技术已经在临床上得到了广泛应用。

超声波还可以用来除螨。科研人员发现，螨虫的听觉神经系统很脆弱，对特定频率的超声波非常敏感，针对螨虫的这种生理特性，目前已有科技公司的研究人员开发出了超声波除螨仪。这种新型的除螨产品采用现代微电子技术手段，直接用特殊频率的超声波作用于螨虫的听觉神经系统，使其生理功能紊乱、烦躁不

安、食欲缺乏，最终死亡。采用这种原理的除螨产品不用添加任何化学药剂，无毒无二次污染，对人体和家中的宠物都没有伤害，是目前比较理想的除螨产品。

有趣的是，很多动物都有完善的发射和接收超声波的器官。以昆虫为食的蝙蝠，飞行中不断发出超声波脉冲，依靠昆虫身体的反射波来发现食物。海豚也有完善的声呐系统，使它能在混浊的水中准确地定位远处小鱼的位置。现代无线电定位器——雷

达，重量有几十、几百甚至几千千克，蝙蝠的超声定位系统却只有几分之一克，而在一些重要的性能上，如确定目标方位的精确度、抗干扰的能力等都远优于现代的无线电定位器。深入研究动物身上各种器官的功能和构造，将获得的知识用来改进现有的设备和研发新的设备，这是近几十年来发展起来的一门新学科——仿生学。

　　超声成像是利用超声波呈现不透明物体内部形象的技术，把从换能器发出的超声波经声透镜聚焦在不透明试样上，从试样透出的超声波携带了被照部位的信息（如对声波的反射、吸收和散射的能力），经声透镜汇聚在接收器上，所得电信号输入放大器，利用扫描系统可以把不透明试样的形象显示在荧光屏上。

 # 噪声污染影响动物生存

　　研究发现，人类制造的噪声污染会对其周围的生物产生有害影响，一些来自交通、建筑等的噪声将会给大自然中生物的习性和生存环境带来极大的破坏。从天空中飞翔的鸟类，到陆地上奔跑的大象，再到大海中遨游的海豚，噪声污染正在对各种生物产生威胁，不仅改变了它们的交流方式，还给它们的生殖繁衍带来了不利影响。

　　蓝色的海洋为鲸鱼和海豚等生物提供了一个安静的生活环境，但是来自军舰的声呐和海底钻井声等人类行为产生的噪声已经破坏了这个安静的环境。研究发现，这些高频噪声会对鲸鱼和海豚产生干扰，导致它们迷失方向并浮出水面，最终在岸边搁浅。此外，动物之间的交流也会受到这些噪声的干扰，甚至会导致一些海豚暂时性耳聋。研究人员称，除非一些强制性的海洋噪声管制法律得以通过，否则海洋的噪声污染水平不会很快得到降低。

对津巴布韦大象而言，经常在它们头顶上飞来飞去的直升机所发出的噪声非常可怕。近年来，游客乘坐直升机飞临维多利亚瀑布时所发出的噪声已经导致多起大象惊逃事件的发生。环保人士警告称，近期越来越频繁的类似活动可能会惊吓该地区的大量象群，迫使它们逃往其他地区。如果这一行为改变了大象的生活环境，可能会进一步导致该地区的生态系统发生变化，这就意味着这个地区数以万计的野生动物的生存将会受到威胁。但是，当地政府部门似乎对此警告充耳不闻，并表示游客可以继续乘坐直升机观光。

对蝙蝠、猫头鹰和鸟类而言，来自飞机、机器、汽车和城市建筑的噪声正在改变着它们正常的生活方式。这些噪声污染已经对蝙蝠和猫头鹰的觅食方式产生了影响。研究人员发现，以掠食性方式进行捕食的蝙蝠在嘈杂的闹市中觅食的次数已经越来越少，他们担心太多的噪声可能会使这些动物处于灭绝的危险之中。虽然大山雀、水鸟、乌鸦等鸟类可以通过发出更大的叫声适应闹市的噪声污染，但是其他一些低频发音的鸟类可能无法通过这种方式提高自己的适应能力。事实上，越来越多的噪声污染已经对鸟类的交流方式以及生殖繁衍产生了很大的影响，这会进一步迫使它们飞离嘈杂的闹市。

寄居蟹会通过其坚硬的外壳躲避天敌，但是如果附近的环境中有很大的噪声，它们可能来不及躲进外壳中从而被天敌攻击。最近一项研究发现，来自船艇的噪声会分散寄居蟹的注意力，这会使得它们在躲避天敌时动作比较迟缓。

对雌性灰树蛙而言，来自市区的交通噪声正在影响着它们的交配行为。一般来讲，雌性树蛙主要是通过判断雄性树蛙发出求偶声音的位置后，再前往进行交配。但是，日益嘈杂的噪声污染已经导致雌性树蛙无法听清雄性树蛙发出的求偶声音。环保人士称，这可能会导致树蛙的繁殖率大幅度降低。

噪声也有有利的一面。研究人员发现，通过播放枪炮声及一些摇滚乐队的歌曲，可以有效地减少害虫对树木的破坏。播放这些摇滚歌曲发出的声音可以扰乱昆虫的生活习性。在一些实验

中，这些摇滚歌曲甚至迫使害虫们自相残杀，这也为人们提供了一种全新的清除害虫的方法。不过，目前这种方法还只是停留在实验室当中，没有进行广泛地应用。

环保小贴士

在世界卫生组织发表的一份调查报告中说，美国等发达国家的噪声污染问题越来越严重。在美国，生活在85分贝以上噪声污染环境中的居民人数20年来上升了数倍；在欧盟，40%的居民几乎全天受到交通噪声污染的干扰，这些居民相当于每天生活在55分贝的噪声环境中，其中20%的人受到的交通噪声污染超过65分贝。此外，在发展中国家的一些城市，噪声污染问题也已经相当严重，有些地区全天24小时的噪声达到了75～80分贝。

噪声危害畜禽

畜禽只有在一个适宜的环境中，才能健康生长，一旦环境发生某种改变，有害因子的刺激就会给畜禽的机体带来不良影响。当这种刺激的时间、强度、剂量还在机体的代偿能力范围内，机体就不会显现出病理状态；而当这种刺激的时间、强度、剂量超过了机体的代偿能力，机体就会出现病理状态。根据专家对噪声的研究结果表明，噪声对畜禽的危害性也非常大，尤其是对猪、奶牛、鸡造成的伤害最为明显。

噪声对猪的影响。噪声会影响猪的听力，在噪声的环境中猪的听力将会急剧下降。猪听到猛然的噪声会受惊、狂奔，发生撞伤、跌伤的情况。猪对突然的高强度噪声反应十分激烈，会导致死亡率增高，母猪受胎率下降，流产、早产现象增多。猪舍噪声不能超过80分贝，因为在噪声的环境中动物的情绪比较急躁，容易引起摩擦。

噪声对奶牛的影响。牛舍噪声不能超过75分贝，否则奶牛

的听力会下降。噪声首先刺激的是奶牛的听觉器官,它可使奶牛的听觉器官发生器质性病变,导致听力下降,若长期受噪声刺激,可导致噪声性耳聋,精神不佳。长时间的噪声刺激,会使奶牛的情绪比较急躁,容易引起慌乱、烦躁不安、乱踢乱撞等,影响其物质代谢、能量代谢以及心血管系统。

通过进行噪声对奶牛的危害的调查发现,噪声会使奶牛心率加快、血压升高,随着噪声作用时间的延长,则会出现抑制现象。噪声会降低奶牛的消化能力,使奶牛出现食欲减退、消瘦等症状。在噪声的环境中,雄性动物的精子质量会下降。这会导致奶牛妊娠与分娩障碍,以及妊娠的母牛流产。由于噪声的干扰,使奶牛得不到充分的休息,会导致其生理机能发生改变,对奶牛的产奶量有明显的影响。据报道,噪声达到68~74分贝时,可导致奶牛产奶量下降,噪声影响时间过长,产奶机能则难以恢复,而且噪声对奶牛生理的危害性是多方面的,它还可能会导致牛奶的酸度增加。

噪声对鸡的影响。鸡舍的噪声可由外界传入,如飞机的轰鸣声、火车的汽笛声、汽车的喇叭声、雷鸣、鞭炮声等;也可由舍内的机械发出,如风机、除粪机、喂料机及饲养管理工具的碰撞声等;鸡体自身也会产生噪声,如鸣叫、采食、打斗等。

雏鸡可以承受的噪声在60分贝以下,成鸡不大于80分贝。噪声会让鸡感到惊恐、食量下降、拉稀,整个鸡群的发病率和死亡率上升。受噪声污染干扰的蛋鸡的产蛋量明显下降,软壳蛋、

脆壳蛋和血斑蛋增加；肉鸡生长速度减缓，肉质下降。对鸡影响最大的是突然噪声，它是造成鸡群精神紧张或惊恐的主要因素。20世纪60年代初，美国一种新型飞机进行历时半年的试验飞行，结果使得附近一个农场里的一万只鸡的羽毛全部脱落，不再下蛋，有6000多只鸡体内出血，最后死亡。

因此，鸡场选址要远离噪声源，如飞机场、主要交通干道等。规划鸡场时应使汽车不能进入生产区，选择安装先进的低噪

声机械设备，同时搞好绿化，栽种树冠大的树木，可减弱噪声的强度。

噪声除了影响畜禽的听觉功能外，还能影响其神经系统，表现为头痛、恶心、乏力、烦躁等。受到100~120分贝的持续噪声，畜禽会因交感神经兴奋而引起血压和颅内压升高，呼吸与心跳加快，身体机能受到抑制。仔畜、幼禽对噪声的反应更为敏感，65分贝的噪声就能使仔猪产生应激反应，出现明显的生理变化，白细胞含量上升25%~30%，血液中胆固醇的含量提高约30%。85分贝的噪声会使犊牛产生一系列的生理变化，从而有可能使发病率增加30%~60%。看来，动物也同样难逃噪声污染的侵扰。

环保小贴士

实验证明，动物在噪声场中会失去行为控制能力，不但烦躁不安而且会失去常态。如在165分贝的噪声场中，大白鼠会疯狂蹿跳、互相撕咬和抽搐，然后僵直地躺倒。声致痉挛是声刺激在动物体（特别是啮齿类动物体）上诱发的一种生理—肌肉的失调现象，是声音引起的生理性癫痫。它与人类的癫痫和可能伴随发生的各种病征有类似之处。

噪声地图

　　根据世界卫生组织对欧洲国家的流行病学研究，噪声污染已经成为继空气污染之后又一影响人体健康的环境因素。过度暴露在噪声污染中，不仅会严重影响心理健康，还会增加患心脏病等疾病的风险。欧洲的噪声来源是多方面的，影响最大的还是交通噪声，如公路、铁路和飞机的噪声，此外建筑和工业的噪声也很多。针对目前的情况，降低噪声污染主要有三种方法：最有效的方法是让交通工具更安静；其次是在繁忙的道路和居民区之间设立噪声带，或者使用低噪声的轮胎或半柔性的路面材料；最后，对于个人而言，可以在家里安装双面玻璃之类的隔音材料减少噪声污染。

　　在欧美国家，为了解决城市噪声，各国也纷纷出台了一系列限制法规和措施，有些措施听起来甚至过于严苛。例如瑞士规定，在租住公寓房时，晚上10时以后不准洗淋浴，以免弄出声音干扰邻居安睡。德国规定，晚上10时后不准大声说话、放

音乐、搞聚会。美国纽约甚至规定，家养的狗在夜间只许叫5分钟，白天只能叫10分钟，否则就要罚款，限制噪声污染措施的细致程度简直让人惊叹。

英国为了降噪，还绘制了噪声地图。噪声地图是指利用声学仿真模拟软件绘制，并通过噪声实际测量数据检验校正，最终形成地理平面和建筑立面上的噪声值分布图，一般会以不同颜色的噪声等高线、网格和色带来表示，人们可以根据噪声地图来了解现实生活环境中的噪声情况。

英国伯明翰市在英国政府环保部门的支持下，于2000年完成了全城范围内噪声地图的绘制，这也是最早制作噪声地图的城市。2005年英国出版了一本世界上最大的官方噪声地图——《伦敦道路交通噪声地图》，在噪声地图上不同颜色代表着不同的声压级。

噪声地图展现了城市区域环境噪声污染普查和交通噪声污染模拟与预测的成果，为城市总体规划、交通发展与规划、噪声污染控制措施提供了科学的决策。

英国政府还推出了一项名为"噪声地图"的在线服务。英国官员希望，这一地图能帮助人们直观地了解身边的噪声污染状况，推动降噪计划的制订，减少不必要的噪声污染。负责推出这一服务的人员介绍说，地图涵盖英格兰地区23个城镇约8万千米市区道路、近5000千米铁路以及18个机场周边地区，网民只需将所处地区的邮政编码输入查询栏，点击即可得知当地的噪声

污染程度，地图同时显示处于不同噪声级别下的居民数量。地图通过不同颜色标注上述地区企业、机场、道路和铁路等制造的噪声水平。比如，噪声超过75分贝的地区被列入最高级别，标注成深红色。这些地区往往出现在高速公路、机场、铁路或者重工业企业周边数千米的范围内。

"噪声地图"一经推出就引起英国居民的极大兴趣。路透社说，在线服务启动的当天早晨，网站便因空前巨大的浏览需求而陷入瘫痪状态，网站页面仅显示"技术人员正在着手解决问

题"。一些环保组织也对此举表示欢迎，同时呼吁政府采取更多措施解决噪声污染问题。英国噪声控制学会负责人说，推出噪声地图是"第一步"，他们希望政府继续努力，推出更完善的措施以减少噪声污染。

虽然噪声地图还不够具体，难以为居民提供实时噪声信息，但政府希望它的出现可以提醒人们减少不必要的噪声污染。

欧盟已经给夜间噪声设立了最高40分贝的限制，这相当于在图书馆里听到的音量。对于欧盟的东欧国家，其夜间噪声被限制在55分贝以下。与此同时，一些噪声研究机构的科学家们还在收集更多的数据，希望能够推动欧盟立法，对全天的噪声污染进行限制。

"皮毛法律"

　　为了解决噪声问题，各国纷纷出台了一系列限制噪声的法规和措施。对于居民区内的噪声或集会扰民，许多地方采取的是"零容忍"政策，即社区内固定业主哪怕只有一户反对也会被禁止。如晚上9时以后不准使用吸尘器，晚上10时以后不准使用洗衣机，这些规定都是为了防止噪声对居民的生活造成影响。不可否认的是，规定虽然"苛刻"，但确实能让人们的生活清静不少。

　　目前，美国一些地方都根据各州的实际情况，依据国家环保局的噪声研究成果制定了适用于本地区的环境噪声标准，如科罗拉多州、特拉华州、马里兰州、夏威夷州等。此外，除联邦统一噪声标准外，州和地方政府有权决定其他噪声源的控制范围，包括商业、工业和生活中产生的噪声水平，例如伊利诺伊州、俄勒冈州、犹他州等就分别制定了船舶噪声标准。因地点不同，法规对这些噪声源的控制会有很大变化。

在美国的社区，要求每一个业主避免在自己的土地或房产上进行"不合理"的、侵扰附近土地使用或享受的活动，如不能让邻居家的生活受到烟味、嘈杂声的打扰。即使是生活中的小麻烦也有相应的法律去约束，美国人称此类法律为"皮毛法律"。

美国大多数城市或州都有噪声控制法规或反噪声法规，禁止制造噪声扰民，如密西西比州的噪声法规就规定："产生任何不合理、令人不安以及不必要或无益的噪声的行为，都是被禁止的。"新墨西哥州法律规定："任何发出喧闹声或不合情理的噪声试图扰乱安宁的行为，都是一种举止不当的违法行为。"不仅

有州法规、地方城市法规，几乎每一个社区也都有噪声控制法规，以限制过量的不合理的噪声。

近年来，纽约市环保部门专门成立了处理噪声污染的机构，该机构有几十位督察员从上午八时至下午六时，处理有关噪声的投诉。只要有居民违反噪声法，都可以投诉。原则上，只要社区有投诉，督察组成员就会煞有介事地带着各种监测仪器，在当地社区警察的陪同下赶到现场测试噪声分贝，当场对违规者开出罚单。

美国大多数地方法规中都有关于"安静时间"的规定，这通常是大家睡觉的时间。一般来说，大多数法规规定的"安静时间"是从晚上的十点到第二天早晨的七点，周末或节假日的时间会往后延迟一个小时。这就意味着在这段时间内，任何大到足以使正常人被吵醒的声音，都是不允许的。对"安静时间"的规定和种种限制，并不意味着在其他时间

就没有噪声限制，喇叭声在多数时间都是被禁止的。

在纽约，无论是狗叫、过大的电视音响，还是汽车的鸣笛声，都不得连续超过3分钟，上述违规行为超过3次，就将被罚款525~2625美元。商店、酒吧、夜总会等的扩音喇叭声音量不能太大，否则最高将被处以2.4万美元的罚款。家庭报警器、建筑机械、电动工具等所发出的噪音，都在所谓"皮毛法律"的严格监督之下。

环保小贴士

美国对噪声污染的治理是从控制飞机噪声污染开始的。1968年，美国颁布《飞机噪声削减法》，由联邦航空局实施。1972年，《噪声控制法》将"改善环境使所有美国人从危害他们健康和福利的噪声中解脱出来"作为一项国家政策实施。1978年，美国通过《宁静社会法》修正《噪声控制法》的部分内容。

应对噪声污染的种种策略

现代人创造了由新技术所调制、中介、改造、传输的听觉商品，又将新型的听觉形态与文化散播到整个世界。新的建筑材料和设计在建筑空间里实现了对听觉效果的控制。电磁声学的应用，让电信号与声音的相互转换成为常态。广播和影剧院里的电声效果，为消费的社会公众提供了听觉商品，也为现代社会添加了电磁喧嚣。很多时候噪声足以让人陷入疯狂，却没有很好的解决噪声污染问题的办法。世界各国都在积极推出各种措施，以降低日益严重的噪声污染给人们带来的困扰。

德国建有各种隔音墙。城市中区域与区域间的主干道如果能明显划分，就不会出现全城车辆挤在同一条大路上的现象。在城市中设置公园，不仅是为了观赏和净化空气，更重要的是吸收、降低噪声。在德国，建有各种隔音墙以减少交通噪声。隔音墙由

木材、水泥、透明硬塑料等材料建造，大多数时候仅仅使用便宜的水泥建造而成。可以看到，隔音墙的设计者或许是艺术家，一直在尝试赋予隔音墙一种语言。

　　奥地利的马路用多孔沥青铺设。奥地利是寒冷多雪的国家，大孔隙路面的积雪问题常常令管理者们睡不着觉。于是有人开发出了"消声水泥"。一般来说，沥青路面的噪声已经比水泥路面的噪声低，如果采用多孔性的沥青路面的话，路面材料之中含有的孔隙能将声能吸收进去，有效地将噪声降低3~11分贝。这项技术采用了双层铺路法，在普通水泥路上加铺一层特殊的防滑混

合材料，再喷上化学阻滞剂，用机械刷刷去水泥灰浆，露出麻子般的颗粒路面来。这种路面降低了轮胎接触点的噪声，同样可以降低噪声3~5分贝。

瑞士研发出铁路减噪计算机程序。瑞士联邦政府委托有关专家，成功研发出用于防治铁路噪声污染的计算机程序，以减少噪声对铁路沿线居民的侵害。研发小组在建立程序过程中充分考虑了列车车型、车速、周边地形、建筑、路基结构和天气等变量。为确保程序的精确性，他们收集了在瑞士铁路网上运行的1.5万辆列车的噪声，形成了巨大的数据库。通过数据分析，计算机程序可以得出降低特定地段噪声污染的最有效办法。此外，他们还打算将该计算机程序应用于降低公路和射击场等公共设施周围的噪声。

新加坡居民之间互相监督和体谅。新加坡地少人多，无论是政府兴建的出租屋还是开发商兴建的公寓，控制建筑噪声、交通噪声和小区内的生活噪声，都面临着许多挑战。新加坡虽然没有在控制社会噪声方面做到十全十美，不过居民之间互相监

督和体谅的观念对解决问题非常有帮助。新加坡对噪声污染的管理有很多详细的规定，比如对建筑工地有几个特殊时段的音量限制，公寓里如果谁家噪声过大，投诉后就会有人过来处理。新加坡人有公共空间和私人空间的概念，如果你在地铁上用手机大声播放音乐，很多人会对你怒目而视。公共场合不大声喧哗、不制造噪声，是新加坡民众共同遵守的行为准则。

日本的《环境基本法》对噪声有明文限制：疗养部门和社会福利设施集中的地方，白天噪声在50分贝以下，夜里噪声不能超过40分贝；市民居住区白天噪声在55分贝以下，夜里噪声在45分贝以下；住宅和商业、工业混合区域白天噪声在60分贝以下，夜里噪声在50分贝以下。如达不到标准，有关部门会加以处罚和治理。

吸声材料

　　吸声材料是具有较强的吸收声能、减低噪声性能的材料。借自身的多孔性、薄膜作用或共振作用，而对入射声能具有吸收作用，是超声学检查设备的元件之一。吸声材料要与周围的传声介质的声特性阻抗匹配，使声能无反射地进入吸声材料，并使入射声能绝大部分被吸收。

　　在房间中，声音会很快充满各个角落，因此，将吸声材料放置在房间里的任何表面上都有吸声效果。吸声材料吸声系数越大，吸声面积越多，吸声效果就越明显。可以利用吸声天花板、吸声墙板、空间吸声体等进行吸声降噪。

　　纤维多孔吸声材料，如离心玻璃棉、岩棉、矿棉、植物纤维喷涂等，吸声原理是材料内部有大量微小的连通的孔隙，声波沿着这些孔隙可以深入材料内部，与材料发生摩擦作用将声能转化为热能。多孔吸声材料的吸声特性是随着频率的增高吸声系数逐渐增大，这意味着低频噪声吸收效果没有高频噪声吸收效果好。

多孔材料吸声的必要条件是材料有大量空隙，空隙之间互相连通，孔隙深入材料内部。人们对吸声材料的错误认识之一是，认为表面粗糙的材料具有吸声性能，其实不然，例如拉毛水泥、表面凸凹的石材，基本不具有吸声性能。错误认识之二是，认为材料内部具有大量孔洞的材料，如聚苯、聚乙烯、闭孔聚氨酯等，具有良好的吸声性能，事实上，这些材料由于内部孔洞没有连通性，声波不能深入材料内部振动摩擦，因此吸声系数很小。

与墙面存在空气层的穿孔板，即使材料本身吸声性能很差，这种结构也具有吸声性能，如穿孔的石膏板、木板、金属板、狭缝吸声砖等。这类吸声被称为亥姆霍兹共振吸声，吸声原理类似于暖水瓶的声共振，材料外部空间与内部腔体通过窄的瓶颈连接，声波入射时，颈部的空气和内部空间之间产生剧烈的共振作用损耗了声能。亥姆霍兹共振吸收的特点是只有在共振频率上具有较大的吸声系数。

薄膜或薄板与墙体或顶棚存在空腔时也能吸声，如木板、金属板做成的天花板或墙板等，这种结构的吸声机理是薄板共振吸声。在共振频率上，由于薄板剧烈振动而大量吸收声能。薄板共振大多对低频具有较好的吸声性能。

测量材料吸声系数的方法有两种，一种是混响室法，一种是驻波管法。混响室法测量声音无规入射时的吸声系数，即声音由四面八方射入材料时能量损失的比例，而驻波管法测量声音正入射时的吸声系数，声音入射角度仅为90°。两种方法测量的吸声系数是不同的，工程上最常使用的是混响室法测量吸声系数，因为建筑实际应用中声音入射都是无规的。在某些测量报告中会出现吸声系数大于1的情况，这是由于测量的实验室条件等系数永远小于1。任何大于1的测量吸声系数值在实际声学工程计算中都不能按大于1使用，最多按1进行计算。

吸声材料主要用于控制和调整室内的混响时间，消除回声，以改善室内的听闻条件，用于降低喧闹场所的噪声，以改善生活

环境和劳动条件，还广泛用于降低通风空调管道的噪声等。

选用吸声材料，首先应从吸声特性方面来确定合乎要求的材料，同时还要结合重量、防火、防潮、防蛀、强度、外观、建筑内部装修等要求，综合考虑进行选择。

靠从表面至内部许多细小的敞开孔道使声波衰减的多孔材料，以吸收中高频声波为主。靠共振作用吸声的柔性材料、膜状材料、板状材料和穿孔板，以上材料复合使用，可扩大吸声范围，提高吸声系数。

"彩色" 的噪声

噪声作为一个随机信号，仍然具有统计学上的特征属性。功率谱密度即是噪声的特征之一，人们可以通过它区分不同类型的噪声。在一些噪声扮演着重要角色的研究领域中，这种噪声分类方法通常会给不同的功率谱密度一个不同的"色彩"称谓，也就是说不同种类的噪声会被命名为不同的颜色。但是在不同的专业领域间，或许会有不同的术语称谓。

我们把除了白噪声之外的所有噪声都称为有色噪声。就像白光一样，除了白光就是有色光。

下面，让我们一起认识一下这些"彩色"的噪声吧。

白噪声

白噪声是指在较宽的频率范围内，各等带宽的频带所含的噪声能量相等的声音。

白噪声是一种功率频谱密度为常数的随机信号或随机过程。换句话说，此信号在各个频段上的功率是一样的，由于白光是由

各种频率的单色光混合而成，因而此信号的这种具有平坦功率谱的性质被称作是"白色"的，此信号也因此被称作白噪声。相对的，其他不具有这一性质的噪声信号被称为有色噪声。实际上，我们常常将有限带宽的平整信号视为白噪声，因为这让我们在数学分析上更加方便。

白噪声有令人惊叹的特性，它就像白色的光束，由所有的颜色组成，而我们看到的却是白色的光。有人也许会问，我们能确切地感受到白噪声吗？在一些西方国家，很多接受过白噪声治疗的人形容它们听上去像下雨的声音，或者像海浪拍打岩石的声音，再或者像是风吹过树叶的沙沙声。这种声音对各个年龄层的人来说，都可以起到一定的声音治疗作用，是一种"和谐"的治疗声音。也有人感觉白噪声听上去有些许刺耳，而一定音量下的白噪声可以治疗一些多动症患儿的精神集中能力障碍。一些专家学者称白噪声实际上是大自然给予我们的一个声音暗示，它可以起到辅助治疗一些神经系统疾病的作用。

一些经常受到环境噪声污染的人们会利用白噪声来帮助他们恢复工作效率，像一些大学生或办公室工作人员会利用白噪声来降低那些施工噪声对他们产生的不良影响。白噪声甚至被公认为是精神分散、耳鸣、听觉过敏症以及多动症等疾病的一种有效的"声音化妆处理"治疗手段。还有一些人利用白噪声来把一些可以打断他们正常睡眠的声音弱化。那些要在白天睡觉晚上工作的夜班族，白天利用白噪声来削减有可能打扰到他们睡眠的一切声

音。夜晚，铁道附近的轰隆声以及狗叫声等，都可以被白噪声的"屏蔽"功能所弱化。这样一来，无论是处在怎样的一个睡眠环境中，你都可以好好睡上一觉。

需要注意的是，具有无限长带宽的白噪声只是一个理论上的概念，因为在任意频率上都存在相等的功率会导致最终的噪声总功率为无穷大。在实际应用中，白噪声是指在某一特定频域内的谱密度函数比较平坦的噪声。

粉红噪声

粉红噪声是自然界最常见的噪声，它主要分布在中低频段，瀑布声和小雨声都可以称为粉红噪声。粉红噪声这个名称起源于这种噪声是介于白噪声与褐色噪声之间。粉红噪声是最常用于进行声学测试的声音。

人在睡觉时，如果播放一种类似嘶嘶声的粉红噪声，并使它的频率与脑电波一致，次日被测试者的记忆力会有明显的改善。通过对比还发现，听粉红噪声睡觉的测试者，比普通人的记忆力好了近两倍。

粉红噪声的频谱在对数空间内是平坦的，也就是说在等比例宽度的频带内具有相等的功率。例如在40~60赫兹的区间内，粉红噪声具有和它在4000~6000赫兹频带内相等的功率。人类对声音的听觉与声波频率的比例有关：在成比例的频率区间内人类听力所感受到的能量是一样的，而与频率的

绝对高低无关。如此，在所有双倍的频率区间内人类听觉都感受到相同的能量，从而在电声工程中粉红噪声经常被用作一种参考信号，这样人类的听觉系统在所有的频率上所接收到的声音幅度都是近似相等的。粉红噪声和白噪声在频谱上的区别是，频率提高为2倍时，它的谱密度都会降低3分贝。

由于在对数坐标下的频带在频谱的低频端和高频端都可以有无限多个，任何具有有限能量的频谱在低频段和高频端所具有的能量都不能高于粉红噪声。粉红噪声是仅此一种具有这种性质的幂律噪声，因为比它更陡的幂律噪声在低频端经过积分后功率将变为无穷大，而比它更平坦的幂律噪声在高频端经过积分后功率也将变为无穷大。

蓝噪声

蓝噪声又称作天蓝噪声，在有限频率范围内，功率密度随频率的增加每倍频增加3分贝。在计算机图形学中，蓝噪声这一概念有时还泛指任何具有最小的低频分量并且频谱中没有明显峰值出现的噪声。蓝噪声在对图像进行抖动处理中很有用；而也正是这一原因，视网膜细胞的排列方式也呈现出蓝噪声的特征。对于高频信号来说，它属于良性噪声。

黑噪声

黑噪声(静止噪声)包括：有源噪声控制系统在消除了一个现有噪声后的输出信号；在20千赫兹以上的有限频率范围内，功率密度为常数的噪声，一定程度上它类似于超声波白噪声。这种

黑噪声就象"黑光"一样，由于频率太高而使人们无法感知，但它对你和你周围的环境仍然有影响。根据经验可知，该噪声的危害性很大。

新生儿听到了"白噪声"能很快停止哭闹，这是因为有些白噪声跟宝宝在妈妈子宫里面听到的声音非常类似，熟悉的声音把宝宝带回到了记忆中安全温暖的感觉，从而会停止哭闹。

但这并不等于说，爸爸妈妈们可以用这类声音给宝宝做胎教或者安抚新生儿，因为很多排除生理性原因的新生儿哭闹，其实是表达了新生儿的心理需求。宝宝的哭闹需要父母给予足够的关注和贴心的对待，而不是用一段段生冷的"白噪声"能解决的，这样做非常不利于宝宝心理的成长和安全感的建立。

图书在版编目（ＣＩＰ）数据

喧闹的地球 / 韩雪主编. -- 哈尔滨 ： 黑龙江少年
儿童出版社，2015.1（2016.11重印）
（我们的家园·环保科普丛书）
ISBN 978-7-5319-3845-3

Ⅰ. ①喧… Ⅱ. ①韩… Ⅲ. ①环境保护－青少年读物
Ⅳ. ①X-49

中国版本图书馆CIP数据核字(2014)第296870号

我们的家园·环保科普丛书
喧闹的地球

主　　编：韩　雪
编　　委：葛文婷　　纪　芬　　郎　晶　　刘伟超　　李元元
　　　　　吕九州　　马　丽　　苗　青　　钱贝贝　　齐方源
　　　　　王　莹　　徐　昊　　徐梅红　　赵春宏　　赵丽蕊

项目总监：张立新
图书策划：顾吉霞　　刘　嘉
责任编辑：刘　嘉　　顾吉霞
责任印制：姜奇巍　　杨亚玲
版式制作：京京图书工作室
封面设计：书房 书籍装帧设计
　　　　　QQ:2450277745
出版发行：黑龙江少年儿童出版社
　　　　　（哈尔滨市南岗区宣庆小区8号楼　邮编：150090）
网　　址：www.lsbook.com.cn
经　　销：全国新华书店
印　　装：北京市俊峰印刷厂
开　　本：720mm×980mm　1/16
印　　张：10
书　　号：ISBN 978-7-5319-3845-3
版　　次：2015年1月第1版　2016年11月第2次印刷
定　　价：29.80元